U0176910

科学护肤
让你变得更美
——专家教你挑选化妆品

朱英　杨艳伟　编著

中国健康传媒集团
中国医药科技出版社

图书在版编目（CIP）数据

科学护肤让你变得更美：专家教你挑选化妆品 / 朱英，杨艳伟编著 .—北京：中国医药科技出版社，2020.4

ISBN 978-7-5214-1615-2

Ⅰ.①科… Ⅱ.①朱… ②杨… Ⅲ.①化妆品－基本知识 Ⅳ.① TQ658

中国版本图书馆 CIP 数据核字（2020）第 028288 号

美术编辑 陈君杞
版式设计 锋尚设计

出版　**中国健康传媒集团** | **中国医药科技出版社**
地址　北京市海淀区文慧园北路甲 22 号
邮编　100082
电话　发行：010-62227427　邮购：010-62236938
网址　www.cmstp.com
规格　880×1230mm　¹/₃₂
印张　6³/₄
字数　163 千字
版次　2020 年 4 月第 1 版
印次　2020 年 4 月第 1 次印刷
印刷　三河市国英印务有限公司
经销　全国各地新华书店
书号　ISBN 978-7-5214-1615-2
定价　45.00 元

获取新书信息、投稿、为图书纠错，请扫码联系我们。

内 容 提 要

　　本书采用问答形式针对人们在选择、使用化妆品过程中关注的问题进行了分门别类的介绍。全书从了解皮肤开始，对基础护肤、防晒、美白祛斑、染发烫发及其他一些具有特定功能的化妆品进行了详细梳理，旨在科学引导消费者理性消费。此外，采用通俗易懂的语言对化妆品可能带来的安全风险进行了专业解读，解惑近年来消费者广泛关注的一些"热点"问题。

前　言

　　爱美之心，人皆有之。古今中外，概莫能外。人类化妆美容的历史悠久，化妆（Cosmetic）一词最早来源于古希腊，含义是"化妆师的技巧"或"装饰的技巧"，也就是指把人体的自身优点多加发扬，而把缺陷加以掩饰和弥补。

　　广义上讲，化妆品就是化妆用的物品，种类繁多。由于化妆品的定义有所不同，各国所指的化妆品范畴也不完全相同。在我国，化妆品是指以涂抹、喷洒或其他类似方法，施于人体表面任何部位（皮肤、毛发、指甲、口唇、口腔黏膜等），以达到清洁、消除不良气味、护肤、美容和修饰目的的产品。虽然不同国家对化妆品的界定稍有不同，但共同点是化妆品对人体的作用必须缓和、安全、无毒、无副作用。

　　从制造上来说，化妆品是一种精细化学品，由各种天然或合成原料按不同配比经不同工艺制备而成，主要包括基质原料和配合原料。基质原料构成化妆品的基体，在配方中占较大比重。配合原料是使化妆品成型、稳定或赋予化妆品以芳香和其他特定作用的辅助原料，占比虽不大，但作用极为重要，添加过程中一定要掌握好度，用量不够起不到作用，使用过量或使用不当则有可能对人体有害。

　　从使用上来说，化妆品是一种日用化学品，需求量大，使用人群广泛。尤其是随着化妆品工业化的快速发展，人们物质文化生活水平的不断提高，化妆品已成为美化人们生活的必需品，与人们生活密切相关。虽然每天都在使用，作为普通消费者而非专业人员，许多人对化妆品的认知还停留在使用效果上，对化妆品的法规、特性、安全性及如何科学、理性地使用了解甚少。一些消费者由于轻信夸大广告宣传、选用化妆品不当或使用劣质化妆品等不同原因引起的皮肤不良反应偶有发生，由此引发的一些"焦点"事件受到人们的广泛关注，某些骇人的标题更令人不知所措。科学了解化妆品的基础知识、认识化妆品的基本功能、辨别化妆品的潜在风险，引导消费者正确选择和使用化妆品，实现人们对美的追求是化妆品专业人员的职责所在。

本书结合我国化妆品管理特点，采用问答方式针对人们日常生活中所关注的化妆品相关问题进行分门别类的介绍，同时将我国化妆品相关法规融入其中，在强调科学专业的同时力求通俗易懂。

本书作者长期从事化妆品法规标准研究、安全性评价检验及健康教育，在相关领域有丰富的实践经验。我们衷心希望本书对爱美人士有所帮助，公众关注的化妆品问题中所涉及的专业理论能成为广大消费者易于理解和掌握的科普知识，使化妆品在美化人类的同时，不会产生不应该发生的健康危害。

由于水平有限，不足之处在所难免，敬请广大读者指正。

编 者

2020年2月

目　录

第一章　护肤品的选择，从了解皮肤开始 / 1

1. 干性皮肤的护理 / 2

2. 油性皮肤的护理 / 4

3. 混合性皮肤的护理 / 6

4. 中性皮肤的护理 / 8

5. 敏感性皮肤的护理 / 10

6. 婴幼儿护肤应注意什么 / 12

7. 儿童护肤的特殊选择 / 14

8. 青春期"痘痘肌"的特质及特殊护理 / 16

9. 男士护肤应注意什么 / 18

10. 老年人护肤应注意什么 / 20

11. 孕妇及哺乳期妇女护肤应注意什么 / 21

第二章　基础护肤，变美的第一步 / 25

1. 化妆品使用的正确顺序是什么 / 26

2. 你会洁肤吗 / 28

3. 皮肤需要经常"深层清洁"吗 / 30

4. 卸妆不彻底皮肤会老得快吗 / 31

5. 保湿真的那么重要吗 / 32

6. 保湿护肤品是如何保湿的 / 33

7. 面膜需要每天敷吗 / 36

8. 睡眠面膜，不一定要过夜哦 / 37

9. 眼霜，你用对了吗 / 38

10. 眼霜和面霜可以互相代替吗 / 40

11. 色彩斑斓的化妆品 / 41

12. 每种香水都有适宜的场合 / 42

13. 你知道怎样喷香水吗 / 44

14. 使用口红应注意什么 / 48

15. 正确使用精油，让皮肤更精致 / 50

第三章　要想皮肤好，防晒不可少 / 53

1. 了解防晒，从了解UVA和UVB开始 / 54

2. 如何根据SPF值选择防晒产品 / 56

3. 化妆品中允许使用的防晒剂 / 58

4. 使用防晒化妆品应注意什么 / 62

5. 如何选择不同类型的防晒产品 / 63

6. 有防晒功能的彩妆品可以取代防晒霜吗 / 65

7. 眼部周围可以涂防晒霜吗 / 66

8. 全家人可以共用一支防晒霜吗 / 67

9. 涂抹防晒产品后，户外活动可以高枕无忧吗 / 69

10. 使用防晒产品后需要专门卸妆吗 / 70

11. 如何做好晒后修复 / 71

第四章　合理祛斑美白，有效又安全 / 73

1. 色斑是如何产生的 / 74

2. 祛斑美白的途径是什么 / 76

3. 教你一眼识别祛斑美白有效成分 / 78

4. 植物美白真的安全又有效吗 / 81

5. 速效祛斑是美丽的神话 / 82

6. 祛斑美白化妆品的不良反应 / 84

第五章　染发烫发，一把美丽的双刃剑 / 87

1. 染发产品如何分类 / 88

2. 选用染发产品时应注意哪些问题 / 90

3. 你会看染发产品的批准文号吗 / 91

4. 关注警示语，让染发更安全 / 92

5. 染发类化妆品有哪些不良反应 / 95

6. 染发对人体健康有危害吗 / 97

7. 洗染型染发产品有安全风险吗 / 98

8. 植物染发产品真的无毒无害吗 / 99

9. 烫发对人体健康有危害吗 / 101

10. 正确识读烫发产品的标签标识 / 103

11. 染发的同时可以烫发吗 / 105

第六章　其他化妆品，你了解吗 / 107

1. 祛痘类化妆品中的战"痘"成分 / 108

2. "痘痘肌"使用化妆品应注意什么 / 111

3. 频繁使用指甲油会不会造成甲损伤 / 113

4. 如何使用洗甲水 / 115

5. 使用去屑洗发水就能达到去屑效果吗 / 117

6. 去屑洗发水中有哪些常见的去屑剂 / 120

7. "无硅油"洗发水的神话 / 122

8. 防脱洗发露是育发产品吗 / 124

9. 你了解育发产品的功效成分吗 / 127

10. 脱毛化妆品与剃毛器有何不同 / 130

11. 有哪些常用的化学脱毛剂 / 132

12. 腋臭会传染吗，如何防治腋臭 / 134

13. 哪些产品属于除臭化妆品 / 136

14. 你知道抑汗类化妆品吗 / 137

15. 除臭类与抑汗类化妆品有区别吗 / 138

16. 健美化妆品是减肥产品吗 / 140

17. 美乳化妆品能使乳房"变大"吗 / 142

第七章　你应该知道的化妆品基础知识 / 145

1. 如何选择质优的化妆品 / 146

2. 化妆品真的有功效吗 / 149

3. 化妆品标签为消费者提供了哪些信息 / 151

4. 你了解化妆品的警示用语吗 / 152

5. 如何区分化妆品的身份信息 / 153

6. 如何正确识别化妆品的日期标注 / 155

7. 有效期内的化妆品就是安全的吗 / 157

8. 如何正确保存化妆品 / 159

9. 如何判断化妆品是否变质了 / 161

10. 市场上的化妆品是经过检验的吗 / 163

11. 化妆品有哪些安全隐患 / 165

12. 化妆品的毒性源自何处 / 167

13. 化妆品为什么会发生微生物污染 / 169

14. 化妆品引起刺激和过敏的原因是什么 / 171

15. 化妆品中常见的过敏原有哪些 / 173

16. 为什么合格化妆品还会引起不良反应 / 175

17. 化妆品皮肤病知多少 / 177

18. 发生化妆品不良反应时的处理措施 / 179

19. 化妆品会引起激素依赖性皮炎吗 / 180

20. 化妆品与外用药品的主要区别是什么 / 182

第八章　那些年热搜榜上的化妆品问题 / 185

1. "天然的"比"合成的"好 / 186

2. 化妆品中为什么要加防腐剂 / 188

3. 果酸焕肤，是"换肤"吗 / 189

4. 香精是化妆品引起皮肤过敏的"罪魁祸首"吗 / 192

5. 面膜比其他护肤品更容易引起过敏吗 / 194

6. 含酒精的化妆品不安全吗 / 195

7. 婴儿爽身粉添加滑石粉会致癌吗 / 198

8. 美容院的产品靠谱吗 / 200

9. 网购的化妆品安全吗 / 202

参考文献 / 204

第一章

护肤品的选择，
从了解皮肤开始

皮肤是覆盖于人体表面的重要器官，是保护人体的天然屏障。依据皮肤油脂分泌情况和表皮含水量，可将皮肤分为"干性""油性""混合性"和"中性"等四种皮肤类型。此外，根据皮肤对外界各种理化因素的反应性，还可将皮肤分为敏感性皮肤和非敏感性皮肤。

皮肤构造复杂，不同年龄、性别及部位的皮肤具有不同的特点，且人的皮肤类型也并非一成不变，随着时间、环境、季节的变化，皮肤也会发生变化。一般而言，青春发育期前的皮肤多为中性皮肤，到青春发育期时，皮脂腺分泌功能增强，皮肤多转为油性皮肤，到25~35岁时，皮肤多为混合性皮肤，35岁以后皮肤逐渐衰老而变为干性皮肤。女性25~30岁左右，男性30~35岁左右，皮肤变得比较敏感，尤其对紫外线的防御能力较差，如不注意保护，容易发生色斑或皮肤过敏。消费者应根据皮肤的具体情况选择适宜的护理方式和适合的化妆品。

干性皮肤的护理

干性皮肤主要是皮肤保水能力不足或皮脂分泌不足，表现为皮肤干燥、毛孔细小、弹性不足、缺少光泽、粗糙、易产生皱纹和发生过敏反应。

干性皮肤的优点

外观上显得比较细腻，毛孔不明显，无油腻感，少有粉刺困扰。

干性皮肤的缺点

角质层含水量一般在10%以下，经常受干燥的困扰，经不起风吹雨打和日晒，受环境变化和情绪波动的影响较大，如果不注意保护，容易出现早衰。

干性皮肤表现

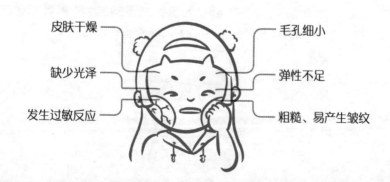

皮肤干燥

缺少光泽

发生过敏反应

毛孔细小

弹性不足

粗糙、易产生皱纹

　　缺乏油脂的干性皮肤，不能用肥皂洗脸，因为肥皂一般碱性较大，会损伤皮肤，使皮肤更加干燥。如果要用，就选择弱碱性的香皂或弱酸性的洗面奶，水温约30℃。洗脸后，先用化妆水柔软皮肤（避免使用含酒精的化妆水，以免皮肤变得粗糙），再用油分较多的护肤品，尽量避免过度暴晒，要用防晒霜。每周可做一次营养面膜，以促进血液循环，增加皮脂和汗液的分泌。睡前可用温水清洁皮肤，并适当使用晚霜。

　　缺乏水分的干性皮肤，虽然皮肤有足够的皮脂，但仍觉干燥，易起皮屑，这是由于皮肤缺少水分易导致皮肤表皮出现龟裂，甚至脱皮。保证皮肤得到充足的水分是最重要的。了解自己皮肤干燥的原因后，应正确加以纠正，除了补充水分，还可以外用橄榄油等天然油脂。

油性皮肤的护理

　　油性皮肤的皮脂分泌比较旺盛，表现为面部感觉油腻、泛油光，鼻翼两侧毛孔粗大，纹理粗。油性皮肤的优点是抵御干燥等不良环境的能力较强，不易出现衰老迹象。缺点是非常容易受粉刺困扰。

　　油性皮肤应特别注意清洁，清除皮肤上过多的油脂，可使用洁面皂或洗面乳彻底地清洁油污。但切记不可过度清洁，当皮肤感觉干燥的时候，皮脂腺就会分泌油脂，过度的清洁会加重皮脂腺的油脂分泌，这只会使皮肤出油的情况更严重。

油性皮肤表现

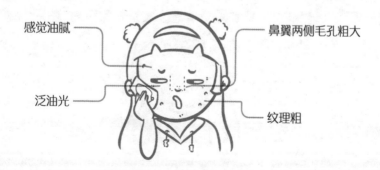

感觉油腻　　　　　　　　　　　　鼻翼两侧毛孔粗大

泛油光　　　　　　　　　　　　　纹理粗

很多人误解，油性皮肤不用补水。实际上，油性皮肤虽然皮脂分泌比较多，但也容易出现缺水的现象，补充水分对任何类型的皮肤都非常重要。可以定期蒸面，使用补充水分的面膜和保湿乳液，或者可以自己准备一个小喷雾瓶装白开水或纯净水，经常往脸上喷一喷，效果也很不错。

油性皮肤在选择化妆品的时候要有一定的技巧。

1 > 洁面产品
要选择泡沫型洁面产品，没有泡沫的洁面产品，表面活性剂含量较低，只能温和清洁，不适用于油性皮肤。

2 > 化妆水
使用含微量酒精的化妆水，既能抑制油脂分泌，还可以紧致毛孔。酒精的透皮吸收率较强，如果皮肤非常敏感，要慎用含酒精的化妆水。

3 > 护肤产品
不宜使用油脂含量较多的霜剂，建议选择水包油（W/O）的清爽型保湿乳或保湿露。也可以使用含有控油和角质溶解剂等活性成分的护肤品。

4 > 彩妆产品
使用不含油质的亚光粉底，并用蜜粉定妆，如果油性很大，可以适当使用吸油纸，还要注意及时补妆。

5 > 深度清洁产品
选择性质温和的磨砂膏去死皮，可以使护肤品的滋润效果更有效，还可以减少粉刺的产生；可以选择撕拉型面膜，清除毛孔内的污垢（皮肤过薄及极度敏感者慎用）；易长粉刺的"T"区，可以使用专门针对"T"区的护理产品。切记去角质不宜过频。

混合性皮肤的护理

　　混合性皮肤顾名思义就是皮肤的一些部位偏油性，一些部位偏干性。其特征主要是额头、鼻翼等呈"T"型的部位呈现油性/中性肌肤的特性，如皮脂分泌比较旺盛，外观油腻光亮，而面颊部位呈现中性/干性肌肤的特性，如比较干燥，易出现色素斑，眼部干燥，易出现细小皱纹。事实上，真正属于干性或油性皮肤的人不多，大部分人的皮肤都属于混合性皮肤。

混合性皮肤表现

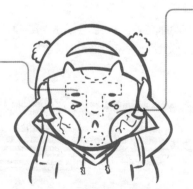

额头、鼻翼等"T"型部位呈现油性/中性肌肤的特性，如皮脂分泌比较旺盛，外观油腻光亮

面颊部位呈现中性/干性肌肤的特性，如比较干燥，易出现色素斑，眼部干燥，易出现细小皱纹

混合性皮肤的护理应该注意什么呢?

　　混合性皮肤的"T"区油性较大，两颊较干，应选用控油系列产品作基本护理，并在干燥部位加涂滋润或补水类产品。最好采用分区护理法，"T"区依据油性皮肤护理法则，两颊采用干性皮肤护理法则。

中性皮肤的护理

　　中性皮肤介于油性皮肤和干性皮肤之间，是最理想的皮肤类型。其主要特征是皮肤表面光滑细腻，富有弹性，透明感强，既不干燥，也不油腻，汗腺、皮脂腺排泄通畅，对外界风吹日晒等刺激有一定的耐受性。但也会在一定程度上受季节变化影响，夏天或趋于油性，冬春季或趋于干性。中性皮肤是一种正常、健康和理想的皮肤，但也不能忽视护理，依季节和爱好可使用各类护肤品。实际生活中，这种类型的皮肤很

中性皮肤表现

表面光滑细腻，富有弹性，透明感强

既不干燥，也不油腻，汗腺、皮脂腺排泄通畅

冬春季或趋于干性

夏天或趋于油性

少，一般只有儿童才可能拥有中性皮肤；进入青春期后，由于内分泌的影响，皮脂腺分泌变得旺盛，大部分人的皮肤偏油性；进入老年期后，由于皮脂腺和汗腺的分泌活动减弱，皮肤一般偏干性。

中性皮肤的人选择化妆品的范围比较广，一般的膏霜类化妆品均可使用。根据气候、环境的变化可以适当调整护肤品的类型。通常夏季选择乳液型护肤霜，秋冬季选择油性稍大的膏剂。清洁时可选用碱性小的香皂，晚上入睡前可用营养乳液或化妆水润泽皮肤，使得皮肤保持光滑柔软。次日清晨洁面后，略施少许收敛性化妆水以收紧皮肤，再敷以适量营养霜加以保护即可。

中性皮肤的人选择化妆品的范围比较广，一般的膏霜类化妆品均可使用。

敏感性皮肤的护理

各界对敏感性皮肤的确切含义尚未达成一致。一般认为敏感性皮肤是一种高度不耐受的皮肤状态，易受到各种因素的刺激而激发自身的保护性反应，出现红肿、刺痛、灼烧感、瘙痒等病理变化。这可能是敏感性皮肤的角质层屏障功能存在一定缺陷，一些物质很容易透过角质层刺激内部皮肤而产生过敏反应。

消费者经常可以从网上或电视广告中看到宣传适用于敏感性皮肤的化妆品品牌。更有甚者，某些宣传还会引导消费者到药店购买专门针

敏感性皮肤表现

高度不耐受

易受刺激

易出现红肿、刺痛、灼烧感、瘙痒等病理变化

对敏感性皮肤或问题皮肤的药妆品。很遗憾地告诉大家，我国没有批准过专用于敏感性皮肤的化妆品。至于药妆品，我国没有药妆品的概念，也没有这一产品类别。所以看到这类宣传，不要盲目追从，一定要谨慎购买。

敏感性皮肤尽量少用或不用化妆品，一定要用，初次使用时要先进行过敏试验，无反应后方可使用。要经常对皮肤进行保养，按摩皮肤可增加皮肤抵抗力，但按摩以用指腹轻拍为主，不要用力过度。注意是按摩而非摩擦，过度摩擦反而会加重皮肤的敏感。

化妆品的选择上，总的原则就是温和，使皮肤少受刺激。建议选择一些不含香精、着色剂的产品，对防腐剂过敏的消费者可以选择不含防腐剂的产品，避免过酸过碱的产品。不要频繁更换化妆品，切忌同时使用多种化妆品。洁面时，选择温和的洗面奶，洗脸水温度不可过热过冷。外出可选用以物理防晒剂为主的防晒霜，避免日光伤害。晚上，可用营养化妆水增加皮肤的水分。皮肤出现过敏反应后，要立即停止使用任何化妆品。

婴幼儿护肤
应注意什么

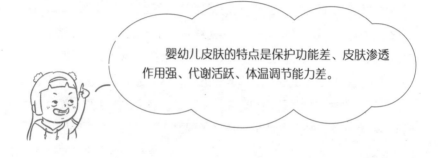

婴幼儿皮肤的特点是保护功能差、皮肤渗透作用强、代谢活跃、体温调节能力差。

　　婴儿的皮肤一般只有成人皮肤的十分之一厚，角质层薄，真皮层的胶原和弹性纤维较少，仅靠一层天然酸性保护膜来保护皮肤，很容易受污染和摩擦受损。此外，皮肤黑色素生成少，易被阳光中的紫外线灼伤。皮肤渗透作用强，即便使用同样量的护肤品，婴儿的吸收程度要比成人多，意味着对刺激性成分、过敏性物质甚至是化妆品中有毒有害杂质的反应也会强烈得多。婴儿皮肤的新陈代谢快，分泌物多，细菌容易入侵，需要经常清洗。体温调节能力差，表现在散热和保温功能都较差，需要更细心地防热防冻。

　　婴幼儿护肤应结合其皮肤特点，选择专为儿童设计的产品，不能和大人共用，除非产品说明书中明确标识了可以全家人一起使用。因为成人产品中可能会添加一些美白、抗皱等功效成分，这些成分会对儿童娇

嫩的肌肤产生较大刺激，严重者会造成伤害。宣称全家人一起使用的化妆品，我国按儿童产品管理，所以不必有此顾虑。

　　婴幼儿应使用必要的化妆品，如沐浴露、洗发水、保湿乳霜、爽身粉、防晒乳霜等，洁面可用简单的中性皂或富脂皂，没有必要选择专门的洗面奶或洁面膏，也没有必要刻意选择具有抑菌效果的香皂。婴幼儿应避免使用香水、指甲油、口红、染发剂、烫发剂等成人产品，以免引起过敏等不良反应。

儿童护肤的
特殊选择

非专业人士很难看出儿童护肤产品和成人产品的明显区别，主要通过产品名称、包装、宣称进行区分。

实际上，相对于成人产品，儿童护肤产品一般会选择更简洁的配方，尽量减少各种非必要的添加剂。在原料的选择上通常使用纯度更高、刺激性更小、安全性更好的原料，并会严格控制原料的用量、产品的生产工艺，使最终产品更温和，更适用于儿童包括婴幼儿使用。标签上，儿童产品均会标注"成人监督下使用"的警示用语，避免儿童误用造成的风险。法规层面上，儿童护肤产品的卫生学要求严于成人产品。《化妆品安全技术规范》明确规定，一般成人产品的菌落总数不得超过1000CFU/ml或1000CFU/g，而儿童产品则不得大于500CFU/ml或500CFU/g。此外，无论是眼刺激还是皮肤刺激等安全性要求也严于成人产品。由此可见，儿童产品从配方设计、原料选择、生产工艺、质量控制、标签标识、产品质量、卫生学要求及安全性等多方面和成人产品是有区别的。

儿童护肤品除了普通的清洁香波、保湿霜、乳，特殊的防晒蜜、乳，还包括爽身粉、花露水等卫生用品。值得注意的是具有祛痱、驱蚊功能的卫生用品如痱子粉、驱蚊花露水等都不属于化妆品。儿童皮肤特别柔软娇嫩，化妆品的选择上，最重要的是确保产品的低刺激性。

儿童护肤产品的选择有几个基本原则。

尽量购买专业、正规的儿童产品厂家生产的成熟产品，因为这样的产品经过较长时间的市场验证，安全性更高一些。

不建议经常更换牌子，使用一种新的产品前，最好先给宝宝做个测试。具体方法是，在宝宝前臂内侧中下部涂抹一些所试产品，若是沐浴露，则需要稀释后涂抹，每天涂一次，连续3~4天，如果宝宝没有出现红疹等过敏现象，就可以进一步使用了。

尽量购买配方比较简单的产品，通过全成分标识予以判断，一般的儿童产品原料也就10种左右。选择不含香料、酒精以及着色剂的产品，以降低产品对宝宝皮肤产生刺激的风险，尤其是肌肤特别敏感的儿童。

尽量购买小包装及不易开启或弄破包装的产品。婴幼儿护肤品的每次用量较少，一件产品往往需要相当长的时间才能用完，所以尽量选购保质期长且包装不太大的产品，避免使用不完过期浪费。不易开启或弄破包装可防止宝宝误用、误吸。

清洁产品不宜选择泡沫过多的，因为泡沫多的产品往往刺激性也会比较强，应选择质地清爽、用后感觉润滑的产品。

青春期"痘痘肌"的特质及特殊护理

青春痘又称痤疮、粉刺、暗疮、面疱等，是一种发生在毛囊皮脂腺及其周围组织的炎症病变，主要由皮脂分泌过多、毛囊皮脂腺导管堵塞、细菌感染和炎症反应等因素引发。

青春痘的发病原因很多，主要包括以下几个方面。

① 内分泌失调是诱发青春痘的重要元凶。内分泌失调促使皮脂分泌过盛，无法排出而将毛囊阻塞，为青春痘的产生营造了先决条件。

② 毛囊角化异常也是诱发青春痘的原因之一。正常毛囊口上部的角质层较薄，易脱落，从而保证毛囊口畅通无阻，皮脂顺利流出。如果毛囊角化异常则会导致角质层变厚不易脱落，来不及流出的皮脂就会堵塞在毛囊口，出现短暂性青春痘。

3 不良生活习惯如长期疲劳、睡眠不足会引起新陈代谢失调，皮肤也由健康的弱酸性变成碱性，失去应有的杀菌作用，而引发青春痘。不良的饮食习惯如过饱饮食，会使未经充分消化的食物积存于体内，对高糖分饮料、油炸类、海鲜类食品的嗜好也会影响毒素排泄而产生青春痘。烟酒过量也是诱使青春痘驻足和复发的慢性原因，破坏力不容忽视。

4 消化系统的问题如便秘、习惯性腹泻、胃酸过多、溃疡等会导致体内毒素堆积、废物排泄不畅，为青春痘的产生埋下祸根。

5 保养品使用不当也会引发青春痘，如较为油性的保养品，只适用于干性肌肤的保养。反之，会将毛囊阻塞，使皮肤油脂分泌难以排泄。

6 药物刺激也是不容忽视的。某些药物如长效避孕药可以纠正高雄激素水平，治疗痤疮，减肥药、催经药、含有溴化物或碘化物的药品会影响内分泌的平衡或引发毒素堆积而形成所谓的"毒性暗疮"。

7 季节变换、温度骤然升高时，皮脂腺分泌的传导密码一时调节失灵，也会造成短发性的青春痘，如果处理得当，几天后便会消失。

青春痘不仅严重影响容貌的美观，而且其影响不仅限于发病期，还可能因其留下的疤痕而终身遗憾。青春痘是一种皮肤病，针对不同的"痘痘"，医学上各有不同的学名，也有不同的治疗方法，所以人们一定要在皮肤科医生的指导下"战痘"，同时要注意个人卫生，养成良好的生活习惯，不要自行用手挤"痘痘"或擅自使用市面上的祛痘类化妆品。

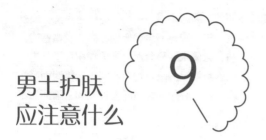

男士护肤
应注意什么

说到皮肤保养与护理，人们都认为是女性的事。其实，男性的皮肤更需要保养和护理。男性的皮脂腺和汗腺都比女性发达，分泌的皮脂和汗液更多。同时，男性在艰苦环境下从事各项重体力劳动的机会更大，皮肤容易受污染、变黑、变粗糙。

男性肌肤多为油性和混合型皮肤，所以总体上应按油性皮肤和混合性皮肤的护肤法则进行科学、合理的护理和保养，不要跟着家人随意使用洗面奶，涂抹乳液。

**第一步
清洁**

男性的皮肤问题主要是出油和长痘，所以日常清洁很重要。可以选择一些以皂基类为主的洁面产品，洗后感觉不会很油腻。但不用反复去油，过分去油反而会刺激皮脂腺，分泌更多油脂。这就是有人觉得越洗越油腻的原因。

**第二步
收敛补水**

建议选择控油型收敛水。尤其是爱长痘的男士可以选择一些含水杨酸的收敛水，有较好的控油效果。不要觉得油性皮肤不用补水，补水和控油是两个概念，只有水油平衡皮肤才不会过分出油。

**第三步
护肤保养**

建议使用清爽型乳液，避免使用油脂含量较高的霜剂。除了涂抹乳液，防晒防冻也很重要。很多男士觉得，男人皮肤黑点显得健康有男人味。晒黑和晒伤是两回事，可以晒黑但要避免晒伤。经常在户外活动的男士，一定要防晒，夏天自不必说，春秋季节虽无炎炎烈日，却干燥多风、晴天多、云量少，紫外线非常强烈。冬天则要注意防冻。隆冬季节外出要涂抹一些油脂含量高的滋润霜，以防面部冻伤。如果嘴唇干裂，可涂点护唇膏，使皮肤得到充分的营养，保持滋润光泽。

洁面　　　　　收敛补水　　　　　护肤保养

剃须

男士需要经常刮胡、修面。很多男士为了方便，愿意用电动剃须刀干磨，这对皮肤的伤害较大。一定要使用剃须膏、皂或水。先洁面，待毛孔放松张开，胡须变软再开始剃须。剃须后，用温水洗脸，再用凉水冲一遍，使张开的毛孔收缩复原。最后，再进行上述的护理、保养过程。

老年人护肤
应注意什么

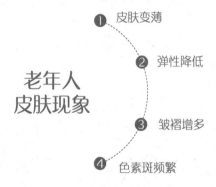

老年人
皮肤现象

❶ 皮肤变薄

❷ 弹性降低

❸ 皱褶增多

❹ 色素斑频繁

人过中年，皮肤就开始萎缩，60岁以后皮肤在形态和功能上会衰老得更明显，最普遍的现象是皮肤变薄、弹性降低、皱褶增多、色素斑频繁出现。此外，老人的皮肤比年轻人更敏感，还特别容易发痒。所以，对于老年人来说，皮肤是干性还是油性已经不是最重要的，补充皮肤的营养，让皮肤不干燥、有弹性才是首要目的，可选用含抗皱成分、保湿成分及抗氧化成分的护肤品。

此外，保持皮肤清洁也很重要。老年人皮肤相对敏感，其自身代谢的产物，如脱落的皮屑、油脂等容易刺激皮肤。因此，要适当保持皮肤清洁。洁面时，可选择洁面乳或中性皂，不建议使用碱性强的皂基类洁面产品。老年人在早晚洗脸后还可经常按摩面部皮肤，促进血液循环，加快皮肤新陈代谢，进而增加皮肤的光润度。

孕妇及哺乳期妇女护肤应注意什么

我国还没有专为孕妇及哺乳期妇女设计的化妆品，如果市面上有此宣传的肯定属于违规夸大宣传，可能只是一个噱头。孕妇及哺乳期妇女作为特殊人群，选择化妆品时要格外谨慎，除考虑化妆品对自身的影响外，尤其要保证腹中胎儿的健康及避免通过哺乳影响婴儿健康。

一般情况下，不建议使用彩妆类产品，以清洁、护肤为主要护理方式。选择化妆品时，尽量选择不含或少含香精、防腐剂、着色剂的产品，以降低对胎儿及婴儿产生不良影响的风险。值得一提的是，哺乳期妇女在搂抱、哺乳婴儿时，一定要先清洗掉已使用的化妆品，避免婴儿无意识舔舐造成的伤害。不建议使用目前市面上销售的乳头皲裂膏，因为化妆品中的各种成分很容易通过细小伤口直接渗入体内。如果使用了，哺乳婴儿之前也一定要清洗干净，以免婴儿通过吮吸直接摄入化妆品。

为避免化妆品对孕妇、胎儿、哺乳期妇女及母乳喂养的婴儿可能产生的不良影响，孕妇和哺乳期妇女最好避免接触和使用以下几类化妆品。

❶ 染发类产品

染发产品不但会对孕妇产生不良影响，容易致敏，而且还有可能对胎儿产生危害。所以，孕妇在妊娠期间不宜染发。哺乳期妇女也应尽量避免使用染发产品。

❷ 烫发及脱毛类产品

烫发和脱毛类产品的功效成分通常都是巯基乙酸类物质，不仅对孕妇及哺乳期妇女有影响，更会间接影响孕妇体内胎儿和母乳喂养的婴儿。

❸ 祛斑美白类产品

孕妇在妊娠期间会出现面部色斑加深的现象，一般情况下，这是正常的生理现象而非病理现象，切不可盲目选用祛斑美白类产品，有些祛斑霜中还会违规添加汞、激素等有毒有害物质，不但会对孕妇自身健康产生影响，还会影响胎儿的生长发育，甚至产生不良后果。

④ 口红

　　口红由各种油脂、蜡类原料、颜料和香精等成分组成，其中的油脂、蜡类原料覆盖在口唇表面，极易吸附空气中飞扬的尘埃、细菌和病毒，经过口腔进入体内，此时一旦孕妇的抵抗力下降就会染病。其中的有毒有害物质以及细菌、病毒还能够通过胎盘对胎儿造成威胁。

⑤ 指甲油

　　指甲油大多以硝化纤维素作为成膜材料，配以有机溶剂，并添加增塑剂及各种着色剂。这些化学物质对人体有一定的毒性，日积月累，对胎儿的健康也会产生影响，更有甚者有可能造成孕妇流产。

⑥ 芳香类产品

　　包括香水、精油等，其中散发香气的香料成分有可能会增加孕妇流产的风险。尤其是精油按摩，妊娠期间一定要避免。

第二章

基础护肤，
变美的第一步

　　我们每个人刚出生时都拥有完美的皮肤，但随着时间的流逝，同龄人之间的皮肤逐渐有了较大差异，有的人看起来更年轻，有的人则恰恰相反。其实，这和皮肤护理保养有着密切联系。爱美之心，人皆有之，不论年龄、性别与地域，光洁、细腻、健康的皮肤都是人们永恒的追求！化妆品已深入人们的日常生活，是皮肤护理的必需品。但是面对琳琅满目的化妆品，面对不同产品的溢美之词，该如何选择和使用呢？了解自身的皮肤状态，选择适宜的产品，因时而异、因地而异、因人而异！只有选对了、用对了，才能充分发挥化妆品的功效，起到"事半功倍"的作用。

化妆品使用的正确顺序是什么

面对五花八门的化妆品，你是不是束手无策？要收到好的效果，化妆品的使用一定要注意顺序。

洁面乳或洗面奶

清洁永远是护肤的首要步骤，不要小看清洁，皮肤在遭受一天的污染及辐射后积累了许多污垢，如果不彻底洁净，皮肤慢慢地就会变得干涩粗糙，毛孔也会越来越粗大。

爽肤水或化妆水

爽肤水属于化妆水的一类，能够起到二次清洁和收缩毛孔的重要作用。不要认为化妆水可以取代润肤乳，这个想法是完全错误的，化妆水的主要功能是调整肌肤，而不是润肤，所以化妆水要在清洁后使用。

肌底液

经过清洁和爽肤之后，肌肤需要一瓶肌底液来打好基础。肌底液可以促进后续产品的有效吸收，调整肌肤达到理想状态，不过这种产品也不能代替乳液和面霜使用。

精华

使用完肌底液，一定要使用精华产品，而且在乳液和面霜之前使用，以便能更好地吸收精华中的功效成分。如果同时使用多种精华，则可按抗皱—美白—保湿的先后顺序使用，不过不建议一次使用过多精华，可以根据不同年龄不同时段分别使用。如中老年女性可以重点使用抗皱系列产品，干性肌肤可以使用保湿系列产品，晚上可以使用抗皱系列，白天可以使用美白系列等。

乳液或面霜

使用完精华后，就可以涂抹乳液或者面霜，如果是油性肌肤可以只使用乳液，若是干性肌肤最好使用面霜。

防晒霜

一定要记得使用防晒霜。防晒霜可以有效防止紫外线引起的皮肤光老化现象。夏天外出选用SPF20左右的防晒产品即可，但如果是去海边，由于紫外线十分强烈，涂抹的防晒产品要SPF30及以上的。冬季可以选择防晒指数较低的防晒霜。SPF15的防晒产品已经可以有效隔离93%的紫外线。

当然以上只是皮肤日常护理的基本顺序，更多的女性朋友在完成护理程序后还要使用彩妆产品，定期可能还会进行深层清洁、深度护理。面膜、眼霜、香水、口红等更是很多消费者离不开的必备产品。

你会洁肤吗

看到这个问题，很多人都会说洁肤不就是洗脸嘛，谁不会呀！市面上的洁肤产品琳琅满目，你真的选对、用对了吗？

常用的洁肤产品根据主要成分和作用机理的不同，大体上可分为固体香皂、洗面奶、卸妆水、磨砂膏、去角质霜等，应结合自身特点正确选择和使用。

固体香皂是使用最普遍的洁肤产品，其主要去污成分为脂肪酸盐，也就是常说的皂基。香皂的特点是泡沫丰富，去污力强，价格相对较低。普通香皂碱性较强、刺激性较大，美容香皂相对温和、碱性较弱，会添加一些具有保湿滋润功能的护肤成分。有些香皂则会添加杀菌成分，因为宣称抑菌效果而使产品不属于化妆品范畴。

洗面奶，也称洁面膏、洁面乳，是目前市场上最为流行的洁肤用品，其品种繁多，多呈乳膏状液体，主要利用一种或多种阴离子、非离子或两性表面活性剂清洁皮肤。其中，以阴离子表面活性剂为主的洗面奶的刺激性大于以非离子或两性表面活性剂为主的洗面奶。如果需要强脱脂力和去污效果可选择前一种，如果需要刺激性小、温和的洗面奶可选择后一种。目前大部分产品都是混合使用多种表面活性剂，以减少刺激性并达到更好的清洁效果。洗面奶主要用于日常的皮肤清洁，可以去除面部淡妆。沐浴露、沐浴液的主成分、作用机理和洗面奶相同。新出现的洁面粉主成分、作用机理也和洗面奶基本相同，只不过将产品做成固体粉末，既便于携带又可以做到减少防腐剂添加。

卸妆水或卸妆油、卸妆膏、清洁霜等都是以矿油等油相原料为主成分的洁肤产品，其作用机理是"相似相溶"原理，用油性成分溶解脸上的油性污垢，无水状态下使用，主要用于去除洗面奶无法彻底清洁的面部浓妆、油彩妆、防水型防晒霜等，使用后一般用化妆棉擦拭，再用洗面奶清洁。

磨砂膏是含有微小颗粒的洁肤产品。通过微小颗粒与皮肤表面的摩擦作用，有效清除皮肤上的污垢及皮肤表面脱落的死亡角质细胞；同时通过摩擦的刺激促进皮肤血液循环及新陈代谢，舒展细小皱纹，增进皮肤对保湿滋养成分的吸收。磨砂膏中使用的磨砂颗粒一般可分为天然和合成磨削剂两类。常用的天然磨削剂有核桃等果壳粉等，合成磨削剂有聚乙烯、聚酰胺树脂、微晶纤维素等。由于环境污染等原因合成磨削剂逐渐被天然磨削剂所取代。磨砂膏较适用于皮肤粗糙者，属于深层洁肤产品，清洁效果全面，但对皮肤的损伤性也较大，不能过于频繁使用。

去角质霜（又称去死皮膏）是一种可以帮助剥脱皮肤老化角质的深层洁肤用品，配方中除了基质原料、磨削剂，还会添加去角质剂等。与磨砂膏的不同之处在于磨砂膏完全是机械的摩擦作用，而去角质霜的作用机理包含化学性（如果酸）和/或生物性（如蛋白酶）作用。去角质霜对皮肤的损伤程度取决于所使用的去角质剂，若使用果酸类化学性剥脱剂，对皮肤的刺激性较强；若使用蛋白酶类成分，则作用较温和。

无论是磨砂膏还是去角质霜，敏感性肌肤均不宜使用。

皮肤需要经常 "深层清洁" 吗

购买清洁产品时，导购会告诉你，皮肤里面有很多脏东西，需要经常使用清洁面膜、磨砂膏、去角质霜等产品彻底清除污垢。有些人觉得自己的皮肤油腻粗糙，深层清洁后感觉细腻，于是乎也乐此不疲。皮肤需要经常"深层清洁"，这是真的吗？

实际上这是个错误的观点。皮肤不需要频繁地清洁、去角质。频繁清洗或去角质的结果是，皮肤的正常角质层被破坏，对皮肤屏障造成损伤。而且如果角质层生长速度赶不上破坏速度，皮肤就会更加粗糙。同时，皮肤的皮脂腺会大量分泌油脂以保护皮肤，结果导致皮肤更加油腻，造成恶性循环。使用完此类产品会觉得皮肤非常清爽细嫩，原因是去除了角质。千万不要沉迷于使用这类产品带来的肤感，偶尔用一下没关系，用多了会伤皮肤。对于油性皮肤和长痘痘的皮肤而言，定期适度去角质可以减轻角质堵塞毛孔导致的黑头、痤疮等问题，但频繁去角质，相当于不断地将皮肤的"城墙"磨薄，"城墙"磨薄的唯一后果就是抵御作用失灵。这就是很多年轻人皮肤由油性变成敏感性的原因。

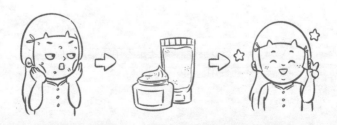

卸妆不彻底 皮肤会老得快吗

很多爱美的女士出门前必须在脸上涂抹一层又一层，不化妆都不好意思出门，更有甚者在家待着还得化妆。出门在外，粉饼、口红不离手，为的是能及时补妆。

你知道吗？皮肤也需要呼吸，脸上涂抹了好几层化妆品，无形中阻碍了皮肤的正常呼吸。所以，在外必须化妆的女士，回家后一定要彻底卸妆，让皮肤能够通畅地自由呼吸。如果只是化淡妆，使用普通的清洁产品就可以，如果化浓妆，使用睫毛膏、眼影、防水型防晒霜等，则一定要使用专门的卸妆产品。如果卸妆不彻底，化妆品的残留会沉淀在皮肤上，造成肤色暗淡无光泽；如果长期卸妆不干净，会使皮肤变得粗糙、暗黄，并造成毛孔阻塞、变大；长此以往，就会影响皮肤的正常功能，还会使角质层过厚，皮肤松弛，细纹增多，皮肤当然就老得快了。

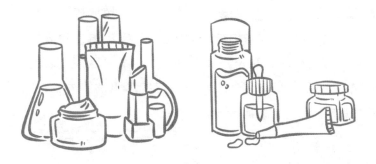

保湿真的
那么重要吗

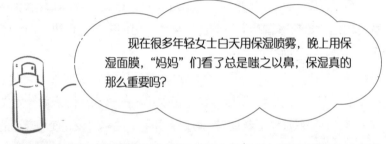

现在很多年轻女士白天用保湿喷雾，晚上用保湿面膜，"妈妈"们看了总是嗤之以鼻，保湿真的那么重要吗？

　　答案是肯定的。尤其是北方地区，当空气干燥，温度较低时，皮肤的生理机能也会发生很大变化，如水分蒸发变快，血液循环变缓，汗液的排泄、皮脂的分泌减少等。皮肤温度每下降1℃，皮脂的分泌物就减少10%，皮肤容易增加皱纹、失去光泽、脱水、干燥和皲裂。很多人认为皮肤皲裂是由于皮肤表面缺少油脂，但是实验表明干燥、皲裂的皮肤表层涂上油脂，只会产生软化作用，即使没有油脂的存在，只要赋予皮肤足够水分，就会恢复柔软和弹性。所以，皮肤角质层中的含水量是维持其弹性和柔软的决定因素。

　　人的皮肤有天然的保湿系统，即水—天然保湿因子—油脂。我们现在使用的保湿化妆品是对这一体系的模拟，保湿产品的主要成分是水—保湿剂—油脂。保湿剂具有特殊的分子结构，可以留住水分，使皮肤中的水分缓慢蒸发，达到很好的保湿作用。

　　当然，如果在多雨的南方地区，空气湿度大，就没有必要盲目跟风了。保湿很重要，合理保湿更重要。

保湿护肤品
是如何保湿的

皮肤角质层中含10%~20%的水分时，皮肤处于最佳状态，显得细致，富有弹性，如果含水量低于10%，就显得干燥、多皱甚至脱屑等。保湿化妆品就是以保持皮肤外层组织中适度水分为目的的一类化妆品。

在保湿化妆品中，发挥保湿作用的是各种各样的保湿剂，如甘油是最古老的保湿剂，十几年前，很多人直接将甘油加水用于冬季护理皮肤。透明质酸和吡咯烷酮羧酸钠是人类皮肤天然固有的保湿成分，保持水分的能力非常强。乳酸钠是天然保湿因子的重要成分之一，可用作甘油的代用品。尿素是皮肤天然新陈代谢的产物，对软化皮肤作用奇佳。尿囊素是尿素的衍生物，不仅可以促进肌肤、毛发最外层的吸水能力，而且有助于提高角蛋白分子的亲水力。

化妆品中保湿剂的种类繁多，但作用机理不外乎以下几种，化妆品中经常配合使用不同机理的几种保湿剂，以达到最佳效果。

1
吸湿性

一些保湿剂可从环境中吸收水分，提高皮肤角质层的含水量，甘油就是最具代表性的成分，几乎所有的保湿产品都会使用。

2
封闭作用

这类保湿剂不被皮肤吸收，可在皮肤表面形成油脂膜，防止角质层水分蒸发，起到封闭保湿的作用，如凡士林、橄榄油等油脂类成分。

3 锁水性 主要是一些亲水性的高分子化合物，加水溶胀后能够形成空间网状结构，将"游离"水"锁"在网内，使水分不易蒸发散失，起到保湿作用，如透明质酸。

4 修复作用 在保湿产品中添加具有修复角质层作用的物质，提高角质层的屏障功能，降低经过皮肤散失的水分从而起到保湿作用，如神经酰胺、维生素E等。

┌─ 小贴士 ─────────────────────────────

化妆品中的保湿佳品——透明质酸

　　1934年美国哥伦比亚大学眼科教授Meyer等首先从牛眼玻璃体中提取分离得到一种大分子多糖，命名为Hyaluronic Acid（缩写为HA），即透明质酸，又称玻尿酸。透明质酸是一种外观透明、具有黏性的胶状物质，这种神奇的物质具有特殊的保水作用，是目前发现的自然界中保湿性最好的物质。由于透明质酸具有优秀的保湿作用，国外网站上称它为"key to the fountain of youth"——通往青春不老泉的钥匙。

　　透明质酸是眼玻璃体、皮肤、脐带、关节滑液等组织中广泛存在的天然生物物质。早期的透明质酸原料主要从鸡冠中分离提取，因此受成本和原料的限制，没有得到进一步推广。现在的透明质酸主要来自微生物发酵法生产，不受动物原料的限制，成本较低，易于规模化生产，且产品纯度较高。

　　透明质酸在化妆品中的主要作用如下。

　　① 保湿作用。与其他常用保湿剂相比，透明质酸是体内

└────────────────────────────────────

固有的天然物质，副作用小，受环境湿度影响较小。

② 营养作用。透明质酸是皮肤和其他组织中固有的天然物质，可渗入皮肤表皮层，有利于营养物质的供应和代谢产物的排出，防止皮肤衰老，起到营养皮肤的作用。

③ 修复作用。透明质酸与其他成分配合使用，可加速表皮细胞的再生，对受损皮肤有愈合修复的作用。

④ 防晒作用。含透明质酸的产品可促进表皮细胞的增殖和分化，清除自由基，修复日光暴晒引起的皮肤灼伤、光敏性皮炎、皮肤变红、变黑、脱皮等。其作用机制与防晒霜中常用的紫外线吸收剂不同，具有协同作用，可同时减少紫外线透射并修复紫外线所致的皮肤损伤，达到双重保护。

⑤ 润滑作用。透明质酸为高分子多糖，有很强的润滑性。含有透明质酸的护肤品涂于皮肤时，在皮肤表面形成一层透气水化膜，使皮肤产生很好的润滑感和滋润感。

⑥ 成膜作用。用于护发用品时，可在头发表面形成一层保护膜，起到保湿、润滑、护发、消除静电等作用。

目前化妆品中经常使用的透明质酸及其衍生物种类很多，如透明质酸钠、水解透明质酸、乙酰化透明质酸、透明质酸钠交联聚合物等，这些衍生物的出现拓宽了透明质酸与其他原料的配伍能力、提高了透皮吸收效果，多种透明质酸的配合使用，更是通过协同作用使透明质酸的效果发挥到极致。

面膜需要每天敷吗

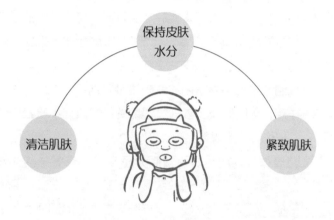

保持皮肤水分

清洁肌肤

紧致肌肤

　　爱美是女人的天性，想要拥有一张精致的脸庞，离不开面膜的滋养。面膜是一种特殊的肌肤清洁护理产品，它具有清洁肌肤、保持皮肤水分、紧致肌肤等效果。根据使用目的面膜可分为清洁类面膜和护肤类面膜，根据使用方式则可分为清洗式面膜和免洗式面膜，根据面膜的形态可分为载体面膜、无载体面膜、剥离式面膜等。目前人们使用最多的是以无纺布、生物纤维膜等作为载体的具有保湿、营养等功能的护肤类面膜。

　　面膜固然好，但是需要天天敷吗？经常做面膜的确能够很好地改善肌肤状况，但长期频繁地敷面膜可能会让脸部肌肤变得脆弱、敏感。不同类型的面膜使用的频次也不同。保湿营养类护肤面膜可以1~2天使用一次，而控油清洁类面膜每周使用1~2次即可。实际生活中要根据皮肤状态、日常活动情况酌情使用各类面膜，切不可"多多益善"。

睡眠面膜，不一定要过夜哦

对女人来说，护肤是每天都在做的事情，面膜更是离不开的护肤品。其中，睡眠面膜越来越受到大家欢迎。睡眠面膜嘛，睡着觉就保湿护肤了，多简单啊，能不爱嘛！

睡眠面膜可不是一定要过夜的哦。睡眠面膜只是这一类型面膜的称号，并没有规定一定要在睡觉时使用并过夜，既要根据使用说明正确使用，也要根据自身皮肤特点合理使用，只要皮肤吸收了面膜的功效成分就可以见好就收了。如果使用睡眠面膜时，感觉皮肤又黏又腻，起床后面部油脂分泌特别多，就不应该敷着面膜过夜了。敷半小时左右，待皮肤完全吸收面膜中的有效成分就可以洗掉了。

使用睡眠面膜之前要做好皮肤清洁和基础护理，便于睡眠面膜更好地锁住功效成分。

涂抹的睡眠面膜不是越厚越好，太厚了也有负作用

一是皮肤不能全部吸收，造成浪费。	二是无形中增加皮肤负担，影响皮肤正常呼吸。	三是不容易干，影响休息。睡眠面膜不要天天敷，按照说明书的使用频率，适当补充就好。

眼霜，你用对了吗

如果说脸上哪个部位最容易显老，那一定是非眼周莫属了，眼角一旦有了细纹整个人就会显得苍老很多。眼睛是心灵之窗，赶走眼部暗沉、黑眼圈、眼袋、鱼尾纹，令双眸神采奕奕是每一位爱美人士的心之所往。而眼霜是帮助改善眼部问题最好的护肤产品，可以缓解由于紫外线照射、长时间电脑辐射以及不良生活习惯等导致的黑眼圈、眼袋、鱼尾纹等问题，还可以美化、修复眼周肌肤，使眼部肌肤达到紧致、细腻、富有弹性的状态。

眼霜有滋润型、紧实型、抗皱型等不同功效之分。滋润型眼霜一般含有较多的补水、保湿、滋润成分，适合年轻女性，适宜干燥的秋冬季使用。紧实型眼霜富含营养成分，油性成分高于滋润型，适合有黑眼圈

眼霜功效

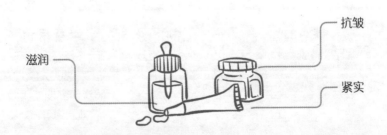

和出现皮肤衰老现象以及极干性肤质者。抗皱型眼霜除了含丰富的营养成分，还有抗皱成分，适合"妈妈"们使用，对于用眼过度导致的眼部肌肤老化快速者也可以考虑。

眼角是最易显老的部位，但并不是说老的最早的部位就是眼角，眼睛最易松弛的地方是上眼皮和眼睛下方，即上下眼皮的衰老要先于眼角。因此使用眼霜时，不应只涂在有细纹的眼角，而是整个眼睛周围肌肤都要涂抹到，并按摩至吸收。

有人习惯只在晚上涂眼霜。其实眼霜早晚都要用，白天使用眼霜是为了防护眼部肌肤受到伤害，晚上用眼霜则是为了帮助修复眼部肌肤问题。因此白天使用的眼霜和晚上使用的眼霜最好分开，白天主要用有隔离效果的滋润型眼霜，晚上则建议使用具有修复功能的紧实型或抗皱型眼霜。

很多人纠结眼霜应该什么时候开始使用。其实眼霜的使用没有确切的年龄限制，因为每个人的皮肤状态不一样，但是如果看到自己有轻微的眼纹和眼袋，就可以考虑开始使用眼霜了。

一般建议女性25岁以后开始使用眼霜比较好，过早使用眼霜容易使眼周皮肤长脂肪粒，也没有必要。

眼霜和面霜可以互相代替吗

眼霜 ≠ 面霜

　　有些中老年人觉得，眼霜和面霜没啥区别，分别使用也比较麻烦。那么眼霜和面霜可以互用吗？

　　首先，面霜不能代替眼霜。眼部皮肤薄嫩，厚度一般只有面部皮肤的1/3，因此眼部肌肤和面部肌肤在脆弱程度、干油程度、角质层薄厚程度都会有差异。此外，眼部肌肤不含有皮脂腺，对于"油脂"的感知迟钝，不能承受过多营养成分。一般而言，面霜营养成分更丰富，若用面霜代替眼霜，其中丰富的营养不仅眼部肌肤无法吸收，反而成为不必要的负担，时间久了，还会长"脂肪粒"。所以面霜不能代替眼霜。

　　其次，眼霜也不建议用作面部护理。眼霜是专为护理眼部肌肤设计的，其主要功效成分与面霜有较大区别，虽然用眼霜擦脸不会有安全问题，但眼霜的设计与面部肌肤需求不匹配。从经济角度来说，眼霜的价格远高于面霜，眼霜、面霜不能混为一谈，面部护理还是要用针对面部肌肤设计的面霜，又经济又科学合理。

11

色彩斑斓的化妆品

如果化妆品都是清一色的白色或原色，你还会购买吗？我相信答案是否定的。色彩不仅美化了产品也丰富了视觉，化妆品中着色剂具有不可替代的作用。着色剂又称色素或色料，指用来改变其他物质或制品颜色的物质的总称。化妆品的颜色与其有密切关系。化妆品中添加的着色剂主要是使产品着色，使化妆品起到美化、修饰的作用，还可以调整某些原料对产品色调的影响，或者用以区分产品品种。通常化妆品用着色剂根据其作用、性能和着色方式可分为染料和颜料两大类，染料又分为天然染料和合成染料，颜料则分为无机颜料和有机颜料；按其来源则可分为合成色素、无机色素和动植物天然色素三大类。现在随着合成技术的进步，珠光颜料和高分子粉体也广泛使用。理想的着色剂要求安全无刺激、无异味、对光和热稳定性好，低剂量即起作用，与其他原料配伍性好。

着色剂属于准用组分，我国《化妆品安全技术规范》规定有157种着色剂可用于化妆品，并对其使用范围和限制条件都做出了明确规定。着色剂最大的风险来源于其所含杂质，因此我国对化妆品用着色剂中所含杂质做了限制，以保证着色剂的使用安全。

每种香水 都有适宜的场合

大家选择香水时，主要是关注自己喜欢的香型，却忽略了香水使用的适宜场合。那么针对不同场合又该如何选择合适的香水呢？

根据香精的比例，香水一般可分为5种，且适合不同场合使用。

香精（Parfum）

香精含量大于20%，其余为酒精，香味可持续6小时以上，适用于冬季、晚宴、舞会等场合。

香水（Eau de Parfum）

香精含量为15%~20%，含14%~15%的蒸馏水，其余为酒精，香味可持续4小时左右，适合春夏季、工作和休闲时使用。

淡香水（Eau de Toilette）

香精含量为8%~15%，含17%~18%的蒸馏水，其余为酒精，香味可保持1~2小时，适合在家中，洗浴后及睡前使用。

古龙水（Eau de Cologne）

香精含量为4%~8%，通常作为男士香水。

清香水（Eau Fraiche）

香精含量非常的低，只有1%~2%。香味的持续时间非常短，适合临时喷洒。

小贴士

香料都是"香"的吗？

香精是化妆品的重要原料，一般是由数种甚至数十种香料（有时也含有一定量的溶剂）按一定比例及添加顺序调配出来的、具有一定香型的、可直接用于产品加香的混合物。

香料与香精不同，香料是指从带香植物中提取或以人工合成的方法得到的致香物质的总称。因具有使产品清新自然、气味芬芳的功能，而广泛存在于日常生活用品中，更成为化妆品中极其重要的组成部分。香料可分为天然香料和合成香料两大类。天然香料又可分为动物性天然香料和植物性天然香料两类。无论是天然香料，还是合成香料，除个别品种外，大多香料不能单独用于加香产品，一般都要调配成香精后才能使用。

香料都是香的吗？那可不一定！相当多的香料纯品或较高浓度的香料具有令人厌恶的气味，当稀释到一定浓度时才呈现出令人愉悦的香气。如吲哚，高浓度时具有很强烈的粪便臭气，浓度低于0.1%时却能呈现出愉快的茉莉花香；又如甲基（2-甲基-3-呋喃基）二硫醚，纯品具有不愉快的硫化物气味，浓度低于10^{-9}时产生肉香香气。由此可见，并不是越纯越浓越好，尤其是香料，适宜的浓度才能起到宜人的效果，香料在香精配制及化妆品中的使用更是要掌握好度。

你知道 怎样喷香水吗  13

　　怎样喷香水，这还用说吗，直接往身上喷就好了。如果你这样认为，就大错特错了。香水怎么用这个问题看似简单，但要说起来，可不一定每个人都知道呢。正确地喷香水，会让香水更好地发挥它的前、中、后味。不同使用香水的方式呈现出来的香水味道会有所差异。一般来说，不同浓度的香水，喷洒的方法也不一样。香精以"点"，香水以"线"，淡香水以"面"的方式涂抹，香精的浓度越低，涂抹的范围越广。

　　喷香水可使用七点法，首先将香水分别喷于左右手腕静脉处，双手中指及无名指轻触对应手腕静脉处，随后轻触双耳后侧、后颈部；轻拢头发，并于发尾处停留稍久；双手手腕轻触相对应的手肘内侧；再使用喷雾器将香水喷于腰部左右两侧，左右手指分别轻触腰部喷香处，然后用沾有香水的手指轻触大腿内侧、膝盖内侧、脚踝内侧，以上即为"七

阿嚏！

点擦香法"。注意擦香过程中所有轻触动作都不应有摩擦，否则可能破坏香水的原味。

喷香水还可用喷雾法，在穿衣服前，让喷雾器距身体约10~20厘米，喷出雾状香水，喷洒范围越广越好，随后立于香雾中5分钟；或者将香水向空中大范围喷洒，然后慢慢走过香雾。这样都可以让香水均匀落在身体上，留下淡淡的清香。

此外在使用香水时也要注意：

不要使用过量。使用过量香水，会给人不良的刺激。一般来说，以1米之内能够闻到淡淡的香味就好，若在3米内仍可闻到香味，那就说明使用过量了。

不要用在不当部位。香水所含的香精和酒精被阳光照射后，在紫外线的作用下，会对皮肤形成不良刺激，出现色素沉着，所以擦香水的部位最好是阳光照射不到的地方，暴露部位不宜擦香水。比较妥当的办法是在衣领、衣角处涂上一些，任其自然挥发。

保持身体干净。要让香水发挥迷人的作用，务必先清洗身体，驱除不洁气味。假如身体不洁，散发不良气味，不但无法用香水气味掩盖，而且会与香水香气混合成难闻的气味。

不要混合使用香水。不同品牌、不同系列、不同类型的香水，不要混合使用，以免掩盖不同香水的特点和产生不良气味。

忌吃辛辣刺激食物。大蒜、葱、辣椒等刺激性食物，食用后会产生体臭，影响香水的使用效果。

此外，香水应避免直接喷洒在白色的衣服上，因为大部分香水都含有色素，直接喷洒在白色衣服上使衣服上有香水残留的色素会影响衣服的美观。正确使用香水才能让自己的气质和美丽展露无疑，更具有吸引力。

小贴士

香水昂贵，妥善保存尤为重要

香水已经成为时尚不可或缺的元素，也是体现个人魅力的重要"武器"。目前越来越多的人有使用香水的习惯。如果每天使用香水，只需注意选择避光、非高温环境就可以了，因为香水含有的乙醇成分本身具有防腐作用，放置十数年可能也不会变质。香水价格昂贵，妥善保存尤为重要。

① 不轻易开封

很多人都拥有不同种类的香水，根据不同场合选择使用不同种类的香水。香水如果不开封可以保存很多年，但一旦开封就很容易挥发和变淡，开封之后最好一年内用完。

----

② 避免阳光照射

香水具有很强的挥发性，高温环境会加速香水的挥发和变质。最好放在阴凉通风的地方，如果长期不计划使用的香水可以用保鲜袋包裹好，放入冰箱冷藏保存。

----

③ 用完密封

每次使用香水后，一定要尽快盖紧瓶盖。香水中含有酒精，非常容易挥发，香味也会变淡。保持喷头的干净与干燥，避免污染香水。

----

④ 不要混放

每种香水都有其独特的香味，通常人们都拥有不同香型的香水，在保存的时候最好分开，避免串味，影响使用。

----

⑤ 轻拿轻放

使用香水的时候动作要轻柔，不要粗暴，不要每次都摇晃瓶身，这样做会加速香水的挥发和氧化。

使用口红
应注意什么

很多女性即使不化妆，也会涂口红，可以说口红是女性使用最多的化妆品之一。对于口红，你又了解多少呢？

口红的主要成分是油脂、蜡质、染料和香精，由于天然油脂或蜡质成分复杂又含有香精的致敏原，加上口红的使用频率高，很容易引起过敏反应，如使嘴唇黏膜干裂、剥落，有时感到嘴唇发痒或轻微疼痛等。另外，口红使用不当还会影响健康。口红中的油脂类成分有较强的吸附性，可将空气中的尘埃、细菌、病毒及一些重金属离子吸附在嘴唇黏膜上。人在说话、喝水、吃东西时，就会将口红和附着在上面的有毒有害物质一并带入嘴里，吃进体内。

另外，家长朋友要特别注意，不要给儿童涂抹口红，因为儿童的嘴唇黏膜较薄更容易吸附、吸收上述有毒有害物质。为了健康，不建议女性频繁涂抹口红，喝水吃东西之前尽量先擦净嘴唇。当发现有轻微发痒和异常感觉时，就应该将嘴唇洗净，暂停涂抹口红。

┌─ 小贴士 ─────────────────────────────

针对肤色、服装颜色，选对口红

口红是爱美女士必备的基础单品，一支口红可以让一张素颜、甚至憔悴的面孔瞬间焕发光彩。选择口红时，有些人选择价格昂贵的，有些人选择销量高的，有些人选择滋润度高的。那么如何选择才更适合呢？通常来说，口红合适与否，主要与两个方面有关。

首先是肤色。要选择适宜的口红颜色，应先学会辨别自己的肤色是属于冷色还是暖色。大多数亚洲人的肤色都属于暖色。选用口红最常用的颜色是经典的大红色，涂上会显得很复古，适合任何肤质的人尝试。如果脸色偏黄则适合选带有黄色调的橙色或茶色唇彩。红润肤色适合选用色彩鲜明的口红。白皙肤色则适合鲜艳的橙色或嫩粉色等色彩明亮的唇彩。如果皮肤偏黑则建议选择或浓烈、或浅淡的颜色，才能打造出精神焕发的形象。

其次是服装颜色。服装和口红可以选择同色系，但是切忌同颜色，如果穿着红色、粉色等颜色的衣服，这时需要降低唇膏的视觉饱和度，可以选择同色系但是更年轻的水红色，搭配起来既能显得皮肤白皙，又显年轻。此外，口红的颜色一定要与衣服颜色有深浅区别，制造层次感，比如可以用粉色衣服配红唇，增强女人味。当衣服的颜色是蓝色、绿色或黑白灰的冷色调时，唇膏则可以选择对比色，也就是所谓的"撞色"，比如对于蓝色来说，最好的对比色是橘色。

正确使用
精油，让皮肤更精致

按照国际标准化组织的定义，精油是由芳香植物的花、果、皮、叶、根、茎、枝、木等部位经蒸馏，柑橘类果实经压榨、冷磨所得的挥发性产物；芳香植物经干馏所得的产物也属于精油。精油未经稀释最好不要直接使用。现在也有一些用基础油或硅油等原料稀释好可直接使用的所谓的精油，实际上其中的精油含量非常少，有的根本就不含精油，大家千万别被误导了，这些充其量也就是精华油。精油和精华油在使用方式上是有区别的，价格差异也很大。

精油的挥发性很强，一旦接触空气很快就会挥发，也基于这个原因，精油必须用可以密封的瓶子储存，一旦开瓶使用，也要尽快盖回盖子。

在阳光、空气、水分及金属离子存在下，精油中的某些组分会发生氧化、聚合、分解、水解、异构化等反应，使香气变差、色泽加深。

常用的精油有薰衣草油、玫瑰油、香叶油、桉叶油、春黄菊油、丁香油、茉莉油、迷迭香油、澳洲茶树油等数十种。

精油护肤应掌握正确方法才能达到最佳效果。使用不当易引发过敏反应。

1 › 必须稀释后使用

精油是从植物中提取出来的精华，浓度很高，使用的时候必须先稀释，否则直接用在皮肤上会灼伤皮肤！精油最简单的稀释方法就是空气薰香，也就是用空气稀释了。但这种方法不属于化妆品的使用方式，所以没有经过安全性评价。如果想将精油直接涂抹于肌肤上，就要用一些基础油来进行稀释。

2 › 使用前一定要做皮肤测试

精油中含有多种具有芳香的香料成分，而香料是大家熟知的易致敏成分。所以在首次使用精油或使用不一样的精油时，曾经有过敏史的人群尤其要谨慎。可取少量涂抹在手腕内侧、手肘弯曲等处，如果皮肤出现红点或不适现象，那就不要使用了。如果没有出现任何异常表现，表明肌肤可以接受。

3 › 使用精油后避免阳光直射

一些精油，如柑橘类精油具有较强的光敏性，当皮肤涂抹上精油被阳光照射后，有可能引发皮肤的光敏反应，严重者还有可能引发皮肤癌。因此精油最好是晚上使用，白天使用则同时要做好防晒工作。

4 › 不要持续大剂量使用同一种精油

有人总抱怨，自己使用精油的初始几周效果很明显，但过一段时间后就没有什么效果了。其实同一种精油持续使用，肌肤可能会产生依赖性，从而降低效果，所以尽量避免单方精油天天使用，也不建议经常大剂量使用精油护肤。

5 › 精油不能入眼，也不能用在伤口上

精油刺激性较大，就算是稀释过的精油也不能进入眼睛。用精油护理眼部肌肤时不要一味地追求高浓度，应使用清爽的基础油或低浓度精油。有伤口的皮肤也不建议使用。虽然有些精油宣称促进伤口愈合，但化妆品毕竟不是药品，伤口愈合还是要靠药品，精油护肤最好避开伤口。

难得出来度假 ~ 心情好呀 ~ 哎！
花花！你玩的
时间太长了啊！
当心晒伤啊！

啊 ... 好热啊！
脸有点火辣辣
的疼啊！

我看看！哎呦喂！
你看看这都晒伤了！
你没涂防晒吗！？

疼啊！55 防晒 ....

第三章

要想皮肤好，
防晒不可少

　　适度的日光照射可以促进机体新陈代谢，增强人的体质，有利于人体对钙和其他矿物质的吸收，预防小儿佝偻病和成人软骨病。但是，若长时间地将皮肤暴露于阳光下，带有巨大能量的紫外线将对皮肤产生一系列的损伤，如急性晒伤反应，局部及系统免疫抑制、皮肤光老化等。有研究表明，近80%的老化来自于阳光中紫外线照射造成的肌肤老化，这其中约30%的日照损伤来自尽享阳光的度假，其余70%均来自日常生活，我们的肌肤衰老状态与日常防晒和修护工作做的好不好息息相关。阳光暴晒严重还会导致黑色素瘤等皮肤癌。除了对皮肤的损伤外，在阳光下过度暴晒还会造成头发老化，身体免疫力降低，形成白内障等。防晒渐渐受到人们的关注。

了解防晒，
从了解UVA和UVB开始

所谓防晒，主要保护皮肤免受特定紫外线带来的伤害。紫外线是指太阳光线中波长为200~400nm的射线，可分为UVA、UVB、UVC三个区段。

皮肤黑　　　　　　　脱皮

日晒　　　　　　　　皮肤红肿

皮肤衰老　　　　　　灼热疼痛

黑斑　　　　　　　　水疱

UVA区段紫外线的波长为320~400nm，又称晒黑段

透射能力可以穿透表皮到达皮肤的底层潜伏起来，并且不断累积，长时间会造成肌肤提前衰老，出现皱纹和色斑。PA（Protection of UVA）反映的是UVA防护等级，分为四级，一般标注为PA+、PA++、PA+++或PA++++，"+"越多，防护能力越强。

UVB区段紫外线的波长为 280~320nm，又称晒红段

透射力可达人体表皮层，能引起红斑、水泡、脱皮等皮肤急性炎症，该段是导致皮肤晒伤的主要波段。防晒系数SPF（Sun Protection Factor）是评价防晒产品防UVB段紫外线的效率，是指被防晒品保护的皮肤产生红斑的最小紫外线剂量与未被保护皮肤产生红斑的最小紫外线剂量的比值，简单来说就是皮肤抵挡紫外线的时间倍数。比如，若皮肤直接受到照射产生微弱红斑的时间为20分钟，而某个防晒品的SPF值为6，即表示该防晒品对皮肤能提供6×20=120分钟的防晒功能。

UVC区段紫外线的波长为 200~280nm，又称杀菌段

透射力只到皮肤的角质层，且绝大部分被大气层阻留，一般不会对人体皮肤产生危害。

UVA和UVB射线照射过量，可能会引起细胞DNA的突变，是导致皮肤癌产生的致病因素之一。因此防晒要兼顾防UVA和UVB。

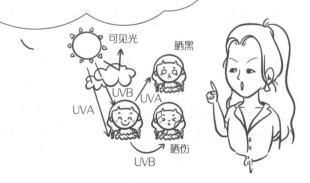

如何根据
SPF值选择防晒产品

防晒产品的选用要根据实际需要确定，一般可根据环境、季节、时间的不同进行不同的选择。需要注意的是，并不是SPF值越高越好。SPF值与防护能力并不是线性关系。

> **例如**　SPF15的防晒产品已能够提供93%的防护能力，而SPF30的防晒产品也只能提供97%左右的防护能力。另外，SPF值越高，配方中防晒剂的添加量必然会越高，产品的通透性越差，给皮肤造成的负担也就会越大，间接伤害皮肤。
>
> 因此，根据实际使用情况进行合理选择就可以了。

◇ 通常情况下，若以室内工作为主，偶尔在阳光下走动时，普通肤色的人以选择SPF值10~15为宜。

◇ 若上班族只是在上下班的路上接触阳光，为了使肌肤舒服透气，以脸部防晒为主，SPF值在15左右即可。

◇ 春夏季室外活动较多的人需要SPF值为20左右的产品。

◇ 特殊场合如在野外游玩、海滨游泳、雪地上活动的人，或在阳光强烈的区域旅游度假，肌肤完全裸露在阳光下的人，需选用SPF值为30或以上的防晒产品。

另外，若在夏季的海边游泳，宜选用具有防水性能的防晒产品。对于光敏感的人与普通人群相比，要选择SPF值稍高一些的产品。如果长时间在户外，还要记得2~3小时补一次防晒产品，以保持良好的防晒效果。

选择防晒产品时，不仅要注意产品上标出的SPF值，也要注意产品上是否标有PA值，这样所选购的产品才兼有防御UVA和UVB的功能。

小贴士

防水防晒产品

专家会建议户外游泳、冲浪时，使用具有防水功能的防晒产品。宣称防水功能的防晒产品上市前均需要通过抗水性能测定，在经受一定时间的模拟水环境条件，SPF值的减少不超过50%，才可以标注具有抗水性。

需要注意的是，不要因为看到"防水防汗"，就觉得适合爱出汗的夏天使用。如果不是去户外游泳或冲浪，不建议大家使用具有防水功能的防晒产品。这是因为此类产品为了达到防水效果，配方中会使用成膜性较强的油脂或者一些特殊的抗水性高分子化合物，相对于一般防晒产品会更有油腻感，不易清洗，且容易堵塞毛孔。

化妆品中允许使用的防晒剂

3

防晒剂是利用光的吸收、反射或散射作用，以保护皮肤免受特定紫外线带来的伤害或保护产品本身而在化妆品中加入的物质。防晒剂加入化妆品的目的是为保护皮肤，但使用不当也会对消费者的健康产生危害。因此，我国对防晒剂实行肯定列表管理，《化妆品安全技术规范》准用防晒剂列表中目前仅收载了27种防晒剂，同时规定了其在化妆品中的最大允许使用浓度及标签标注等要求。

27种防晒剂

2种是物理防晒剂，二氧化钛和氧化锌，通过对紫外线的散射作用起到防晒效果。其中，二氧化钛阻隔UVB和部分UVA，氧化锌则几乎可以阻隔所有波长的UVA和UVB。

化学防晒剂一般通过吸收会使皮肤产生红斑的中波紫外线和/或使皮肤变黑的长波紫外线，防止皮肤晒红、晒黑。25种化学防晒剂中有些对UVB段有防护作用，有些则对UVA段有防护作用。常用的化学防晒剂有对氨基苯甲酸酯类、肉桂酸酯类、二苯酮衍生物、苯并三唑类、三嗪类等。

物理防晒剂

通常肤感不好、透气性较差，但因为不易被吸收，引起过敏的风险较低，适合儿童、敏感肌肤及干性肌肤人群。

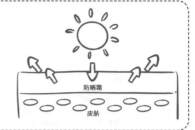

化学防晒剂

较为清爽，肤感好、选择余地大、容易被吸收，但在紫外线的照射下可发生分解反应，容易产生具有刺激性的物质，有可能引发过敏反应。

防晒剂作为防晒化妆品的核心功效原料，其添加的含量、种类与化妆品的防晒功效有一定关系。为达到"全方位"防晒，很多化妆品会配合使用多种防晒剂。配合使用的方式不仅克服了单一防晒剂在广谱性和防晒效果方面的不足，还更好地发挥了多种防晒剂之间的协同互补效应，可降低防晒剂的用量，减小产品对皮肤可能产生的刺激性。

有文献报道芦荟、沙棘、母菊、金丝桃、甲壳素等天然提取物具有较强的吸收紫外线功能，但尚未列入准用防晒剂列表，其安全性、功效性等有待确认，如果市场上有宣称植物防晒剂、天然防晒剂的产品出售属于未获批准擅自宣传的违规产品，购买时要慎重。

小贴士

"神奇的芦荟"，到底有多神？

芦荟是多年生百合科草本植物，叶片厚实多肉，因富含多种活性物质而具有医疗、美容、保健、食用、观赏等许多功能，故素有"万应良药""天然美容师""家庭医生"等美称。芦荟在化妆品中的主要作用包括：

① 保湿补水作用

芦荟生长在热带沙漠地区，其补水保湿能力强。新鲜叶汁呈透明状，其所含的芦荟多糖可通过改变叶汁中水分的流变特性提高芦荟的渗透能力，使水分更易吸收达到滋养皮肤的作用。

② 抗炎作用

人类早在几千年前就认识到芦荟的消炎作用。近年来的研究还表明，芦荟对抗原和致敏性物质导致的组胺释放有较强的抑制作用。芦荟用在发用产品中可杀菌消炎，调节皮脂腺分泌，对滋润头皮有显著效果，用于护肤品中可降低致敏率。

③ 防晒作用

日光中的紫外线能使皮肤上皮细胞内的核酸或蛋白质变性，发生急性皮肤炎。芦荟所含有的芦荟素等蒽醌类物质、肉桂酸酯及香豆酯等对紫外线有一定的屏蔽作用。也有研究认为芦荟通过抗炎作用减轻日光损伤的炎症反应，从而延迟皮肤产生日晒红斑的时间，表现出一定的防晒效果。不管芦荟的防晒机理如何，目前芦荟还不是我国收录的准用防晒剂，其防晒作用到底如何也没有系统的研究结果。

晒后修复作用

　　受到紫外线刺激的皮肤会产生组胺释放反应，而芦荟通过抗炎作用抑制该反应，并表现出对皮肤的修复作用。同时，芦荟所具有的自由基清除作用，能够消除紫外线照射激发的自由基，间接修复晒后受损皮肤。

　　不过，化妆品中芦荟提取物的使用量通常不是很高，而且主要是通过皮肤被人体所吸收，因此，尽管芦荟可能有上述种种作用，但芦荟化妆品的功效并不会像宣传得那样神乎其神。即便是宣称高纯度的芦荟汁、芦荟凝胶，其中大部分还是水，真正的提取物含量较少。消费者可根据化妆品全成分标识中原料的排列顺序进行判断，排在前面的是使用量较高的，排在后面的含量就很低了。

　　另外，芦荟中的蒽醌类物质有一定毒性，美国化妆品成分安全委员会对芦荟提取物进行过评价，认为作为化妆品原料的芦荟提取物中蒽醌类物质的总量应小于50mg/kg，很多芦荟提取物提取过程中会特地去除蒽醌类物质，降低使用芦荟可能带来的安全风险。

使用防晒化妆品应注意什么 4

与其他化妆品一样，首先应注意产品的有效期。化妆品的有效期通常标示为2年或3年，但应注意这指的是未开封的产品，开封后产品的有效期通常与使用情况、放置环境等因素有关。一般情况下，开封后的使用有效期只有一年，而且最好储存于阴凉避光的地方。

防晒霜一定要涂到一定厚度并且均匀涂抹才能达到良好的防晒效果，如果厚度达不到，防晒效果就会大打折扣。涂抹时间应为在外出前20分钟涂抹防晒护肤品，待产品完全形成保护膜后再出门。涂抹频率方面，因为防晒产品的防护是有时间限制的，所以要注意根据所处的地点、场合，每隔一定时间后及时补涂。

开封后的使用有效期只有一年；
外出前20分钟涂抹防晒护肤品；
每隔一定时间后及时补涂。

如何选择
不同类型的防晒产品

防晒类化妆品是指使用防晒剂吸收、反射或散射紫外线，以达到减轻因日晒引起皮肤损伤功能的化妆品。防晒产品是最常见也是使用群体最多的一类特殊用途化妆品。防晒类化妆品种类繁多，市场上常见的防晒产品都有哪些，适合什么情况使用呢？

1. 防晒乳液和膏霜

是市场上最常见的防晒产品类型，因为能够选择搭配的防晒剂种类较多，可以制成SPF值、PA值比较高的产品，也可以制成具有防水功能的产品。

2. 防晒喷雾

防晒喷雾和防晒霜的基质原料有较大差异，更加清爽自然不油腻但由于质地偏稀薄，在使用时注意用量要足。随身携带一瓶防晒喷雾，可以弥补长时间在户外不方便补充涂抹防晒乳的问题。

3. 防晒粉

粉质细腻，不仅能够防晒还具有润色效果，能够一品多用，防止紫外线伤害的同时又能保持皮肤干爽，有效控制皮脂分泌。缺点是容易脱落，需要定时补充涂抹。

4. 防晒凝胶

多为水溶性凝胶，肤感清爽，适宜夏天使用。但产品抗水性差，配方设计过程中不容易加入油溶性防晒剂，因此防晒效果可能会受局限。

5. 防晒油

欧美常见剂型，国内使用不普遍。优点是制备工艺简单，抗水性好，易涂抹。缺点是肤感油腻，不清爽，难以达到较高的防晒效果。

6. 防晒棒

新的剂型，携带方便的防晒产品。主要由油与蜡等成分组成，配方中也常加入无机防晒剂，产品使用简便，但不易涂抹均匀，肤感油腻厚重，不适于大面积涂用。

小贴士

皮肤易过敏者如何选择防晒霜？

对于肌肤敏感的人群，最重要的是避免化学成分引起的过敏反应。选择防晒产品时，可以选择以氧化锌、二氧化钛等物理防晒剂为主的防晒化妆品，可以有效降低过敏风险。也可以选择一些性质温和的复方防晒剂。所谓的复方防晒剂就是将几种防晒剂配伍使用，如物理防晒剂和化学防晒剂配合或几种化学防晒剂配合等。复方防晒剂比单一防晒剂有更好的防晒效果，通常能够通过配伍达到较宽范围的防晒效果，或具有协同增效作用，能够有效减少防晒剂的使用量，对皮肤的刺激性也会有所降低。

有防晒功能的彩妆品
可以取代防晒霜吗

　　普通彩妆产品如粉饼、粉底、BB霜多以二氧化钛、云母、滑石粉、氧化铁等无机粉末作为着色剂、填充剂、吸附剂，这些原料对紫外线有一定的散射效果，所以以无机粉末为主成分的彩妆产品都会有一定的防晒效果，但因所使用的无机粉末颗粒度大于作为防晒剂的二氧化钛、氧化锌的颗粒度，其对紫外线的防御效果非常有限。因此如果使用普通彩妆产品建议还是涂抹防晒霜。当然，也要看实际情况。若基本上都在室内或外出时间短，那么只用有一定防晒效果的普通彩妆产品即可。若在室外时间较长，则必须使用防晒霜，以获得更好的防晒效果。

　　此外，目前市面上有的彩妆产品在配方中已经加入了具有防晒作用的物理防晒剂和/或化学防晒剂，这样的彩妆产品可以同时提供有效的紫外线防护效果，不需要额外使用防晒霜。

眼部周围可以涂防晒霜吗

眼部肌肤非常娇嫩，产品使用不当可能会刺激眼睛。有的防晒产品接触到眼部周围时，会有想流泪或睁不开眼睛的感觉。这说明，产品对眼睛有一定的刺激性。所以使用防晒产品时，一定要先看看产品标注的注意事项，很多化妆品尤其是防晒产品会标注"避开眼睛周围使用"等警示用语。

考虑到人体眼部的特殊性，对于眼部周围皮肤的防晒建议尽量选择戴墨镜等方式。如果一定要使用防晒产品，可以选择刺激性小的、温和的防晒产品。

全家人可以
共用一支防晒霜吗

8

防晒产品的选用是根据实际需要确定的。根据不同肤质、不同人群、不同使用环境、不同暴露时长、是否有防水需求等，选择适用于不同肌肤类型，不同防晒功能的产品。如果防晒需求相近，全家人共用一支防晒产品是没有问题的，但多人共用可能会增加化妆品的污染风险，因此使用时应注意卫生问题。

防晒产品要根据实际需要确定。
但多人共用应注意卫生问题。

小贴士

儿童做好防晒更加重要

与成人相比，儿童的皮肤在结构和功能上都有较大差异，其皮肤保护机制还没有发育成熟，抵御紫外线的能力很弱，阳光暴晒后会出现疼痛、发红、脱皮等症状，成年以后患皮肤癌的风险更大。另外，儿童在户外活动时间较长，更容易晒伤。关于儿童是否应该使用防晒化妆品还存有一定的争议，但研究表明在18岁以前经常使用SPF7.5的防晒剂可减少78%非黑素瘤皮肤癌的发生。紫外线对皮肤的伤害是从幼年开始逐渐累积的，因此儿童防晒是其健康成长不可缺少的环节。

为尽可能减少幼嫩肌肤可能承受的负担，儿童防晒的原则应该是优先选择一些"硬防晒"措施，如撑伞、穿长袖衣裤或防晒衣、戴宽沿防晒帽或墨镜。在此基础上，再配合使用过敏风险较低的专为儿童设计的防晒产品。

涂抹防晒产品后，
户外活动可以高枕无忧吗

涂抹了防晒产品，户外活动就可以高枕无忧了吗？其实不然，使用防晒类化妆品只是"全方位防晒"中的一部分。通常防晒霜在皮肤上的涂抹量为$2mg/cm^2$，且涂抹均匀时才能达到标签上标识的防晒效果。但是消费者通常的涂抹量没有那么大、涂抹也不会那么均匀。因此理论防晒效果就要大打折扣。此外，阳光照射、汗水冲刷和洗浴等原因均可造成已涂抹防晒产品的流失。因此，在使用过程中应注意及时补涂，一般建议每2~3小时补充或更新。

紫外线损伤是多方面的，除了皮肤，毛发也需要防护。但现阶段发用防晒产品只停留在概念上，尚未获得批准，其功效也没有公认的评价方法。头发防晒最好的方式是戴宽沿防晒帽。因为刺激性等原因，眼部周围一般也不推荐使用防晒产品，戴墨镜可为眼部肌肤提供较好的防护。另外，在紫外线非常强烈时，即使使用了防晒霜，还是需要通过撑伞、穿长袖衣裤或防晒衣等方式使身体得到全方位防护。

使用防晒产品后
需要专门卸妆吗

防晒化妆品种类繁多，不同品牌产品针对不同人群、不同肌肤类型、不同使用环境设计了不同配方的防晒产品，因此使用防晒化妆品是否需要用专门的卸妆产品卸妆也需要分情况。

一般来说，防晒喷雾、物理防晒剂为主的防晒产品用清水或简单的方式清洁就可以。

用水清洗

不具有防水功能的中、低倍防晒产品用普通的洁面产品如洗面奶、洁面膏、洁面皂可以达到很好的清洁效果。

用普通洁面
产品清洗

如果使用了具有防水性能的防晒产品，仅仅使用一般的洁面产品清洁效果不会很好，这时就需要使用卸妆油或卸妆液。

将卸妆产品
涂抹在脸上

按摩2~5分钟

使用防晒化妆品后一定要及时清洁干净，以免长时间堵塞毛孔。那么如何判断是否清洁干净了呢？清洁后的皮肤上不能断断续续地挂着水珠。如果挂着水珠就说明还有油溶性成分残留在皮肤上。

如何做好晒后修复

　　皮肤生物学研究证明，肌肤在强烈的阳光照射后组织细胞会受到伤害，娇嫩的肌肤经过烈日暴晒之后，可能会出现疼痛、红肿等晒伤情况。那么已经晒伤的皮肤如何修复呢？如果情况不严重，可用冷水进行冷敷，使毛孔收缩，起到镇静作用。

　　此外，晒后的肌肤需要及时补充水分，可以选用一些具有收敛补水效果的爽肤水，如含有洋甘菊、金缕梅、积雪草、金盏花、甘草等天然成分的产品，不仅可以达到镇静舒缓，修复的作用，还能防止肌肤因缺水而出现老化问题。但晒后修护产品不属于防晒类特殊用途化妆品，其晒后修复效果也没有经过公认的功效评价方法的验证。

补水

晒伤

冷敷

第四章

合理祛斑美白，有效又安全

　　根据《化妆品卫生监督条例》及其实施细则，用于减轻皮肤表皮色素沉着的化妆品都属于祛斑类化妆品。2013年12月，为控制美白化妆品的安全风险，原国家食品药品监督管理总局调整了化妆品注册备案管理政策，将宣称有助于美白增白的化妆品纳入祛斑类化妆品进行管理。

　　常言道"一白遮百丑"，亚洲女性以白为美，祛斑美白类产品在亚洲国家很受欢迎，但切记"欲速则不达"，祛斑美白要合理，在保证安全的前提下追求有效。

色斑是如何产生的

色斑的产生原因比较复杂，有共性的，也有各自的特殊原因。概括起来主要有以下几种：

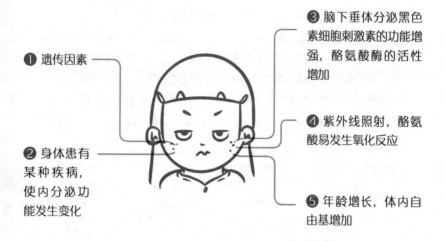

❶ 遗传因素

❷ 身体患有某种疾病，使内分泌功能发生变化

❸ 脑下垂体分泌黑色素细胞刺激素的功能增强，酪氨酸酶的活性增加

❹ 紫外线照射，酪氨酸易发生氧化反应

❺ 年龄增长，体内自由基增加

不管是哪一种原因引起的色斑，归根结底是由黑色素沉着所造成的。黑色素是在黑色素细胞内形成的，酪氨酸在酪氨酸酶的作用下氧化生成多巴，进而氧化成多巴醌，最后聚合生成黑色素。酪氨酸酶的活性受人体内分泌中枢——脑下垂体分泌的黑色素细胞刺激激素的控制，还受到雌性激素、前列腺激素等的影响。

由此可见，黑色素形成的条件是酪氨酸、酪氨酸酶、氧及黑色素体等。体内酪氨酸酶的活性越高，含量越多，越容易形成黑色素。

因此，抑制酪氨酸酶的活性、清除活性氧或自由基、减少紫外线照射，阻止氧化反应发生等，是减少黑色素形成的有效方法。

小贴士

皮肤更新和再生的周期有多长？

人的皮肤和身体的其他组织一样，无时无刻不在新陈代谢，这种新陈代谢保证了皮肤持续的生命力。同时，皮肤也一直在承受着不同程度的损伤。可以说，作为人体最外层的"盾牌"，皮肤较其他组织承受着更多的不良刺激，如风吹、日晒、外伤，以及长期接触电脑、手机等电子产品产生的电磁辐射。

不同的损伤，需要不同的修复时间，经历不同的修复过程。皮肤更新和再生的一个周期大约是28天，即一个月左右。因此，任何产品，若真正有功效，其功效也应在一个周期后才能显现。如祛斑美白类产品，要想看到效果，至少要使用一个月，而且斑也不可能变得"从有到无"，最多是淡斑。所以，再次提醒大家，那些宣称立即起效的化妆品都需要警惕其安全性。

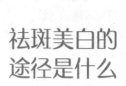

祛斑美白的途径是什么

消费者通常都会将祛斑和美白混为一谈，很少会考虑两者到底有什么区别。简单而言，祛斑指的是作用，美白指的是效果，通过祛斑能达到美白效果，但要达到美白效果不一定非得通过祛斑。

祛斑类化妆品肯定会加入一些具有祛斑功效的原料，其主要作用包括抑制酪氨酸酶的活性、促进表皮脱落、加快黑色素的排泄等。

祛斑的途径主要有两种：

❶ 防止色素的生成

❷ 促使已生成的色素排出体外

根据对人体皮肤色素沉着的影响程度，抑制黑色素生成是祛斑类化妆品采用的主要方法，这一过程主要是通过抑制酪氨酸酶得以实现。

最近的研究发现，另有两种酶对黑色素的形成也是重要的，一种称为多巴色素互变酶，另一种为DHICA氧化酶，抑制这两种酶的作用同样可以减少黑色素的生成。

将已生成的色素排出体外的方式有两种：一是色素在皮肤内被分解、溶解、吸收后，在体内经血液和淋巴循环系统排出体外；二是色素在一定的条件下，自行向角质层逐渐转移，最终随老化的角质细胞脱落而排出体外。为了加快这一排出过程，祛斑类化妆品经常在配方中使用一些皮肤细胞更新促进剂，如果酸、维生素等。

美白化妆品的美白途径分为几种情况。

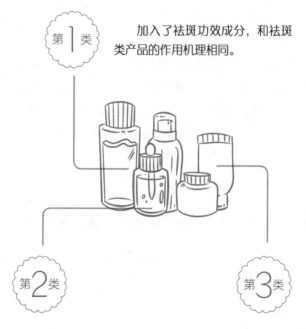

第1类 加入了祛斑功效成分，和祛斑类产品的作用机理相同。

第2类 只是加入了具有遮盖效果的无机粉末，如二氧化钛、氧化锌，通过简单的物理遮盖作用起到美白效果，是暂时性的，称之为仅具物理遮盖作用的美白产品。有的消费者一看到标签宣称仅具物理遮盖作用，认为是更安全的祛斑美白类产品，实际上这类产品起不到真正的祛斑作用。

第3类 只是通过简单的清洁作用看起来达到"美白"效果了。这种单纯的清洁类产品不得宣传美白效果。

教你一眼识别
祛斑美白有效成分

近年来，祛斑美白类化妆品的开发引起了国内外众多化妆品公司的高度重视，祛斑美白成分不断地推陈出新。在化妆品中祛斑美白成分的主要作用是抑制酪氨酸酶的活性，促进表皮脱落，加快黑色素的排出，从而达到祛斑美白的效果。在祛斑类化妆品研发和使用过程中，具有祛斑效果的功效成分是该类产品的核心原料，其添加类别、添加量及复配情况与祛斑功效及化妆品使用者的健康有一定关系。

化妆品中出现频率最高的祛斑美白成分有哪些呢？

调查表明，烟酰胺、熊果苷、抗坏血酸及其衍生物、甘草提取物类的使用频率均在10%以上。

烟酰胺　　又称维生素B_3，具有较高安全性，是临床皮肤科治疗中的一种基础性维生素类补充剂，较广泛地应用于光敏性皮炎、痤疮等的治疗。

◇ 近年来的研究证明，烟酰胺能够减少黑色素向皮肤角质层转运，减少黑色素在角质层沉积，避免皮肤变黑。基于这一特征，烟酰胺在化妆品领域的应用得到了进一步延伸。

◇ 除了美白效果外，烟酰胺还可减少或消除皮肤老化现象，比如皱纹、起皮、毛孔粗大等，减少自由基对皮肤的伤害，起到预防老化、修复皮肤和减少面部暗沉的作用。

◇ 烟酰胺也是祛斑美白类产品使用频率最高的成分，使用频率大于40%。

熊果苷 最初是提取自植物的天然活性物质，能迅速渗入肌肤，有效抑制皮肤酪氨酸酶活性，阻断黑色素形成，通过自身与酪氨酸酶直接结合，加速黑色素的分解与排出，从而减少皮肤色素沉积。

◇ 化妆品中熊果苷推荐用量为1%~5%。

研究表明，含3%熊果苷的膏霜可消除90%由紫外线引起的晒黑。

抗坏血酸 又称维生素C，是最具代表性的黑色素生成抑制剂。

◇ 抗坏血酸的作用主要有两个：

① 将深色的氧化性黑色素还原成浅色的还原性黑色素。

② 在生成黑色素的酪氨酸酶催化反应中，抑制黑色素的中间体多巴醌生成黑色素。

◇ 抗坏血酸是最早用在美白产品中的、最具代表性的、最安全的美白成分之一。虽然安全性很好，但由于稳定性差，如果不加保护，在膏霜中很快就会失去活性。

◇ 为克服抗坏血酸不稳定的缺点，开发出了一系列衍生物，如抗坏血酸钠、抗坏血酸葡萄糖苷、抗坏血酸二棕榈酸酯、抗坏血酸磷酸酯镁、2-O-乙基抗坏血酸、3-O-乙基抗坏血酸、四己基癸醇抗坏血酸酯等。

甘草提取物类美白剂

主要是指从特定品种的光果甘草中提取的油溶性美白成分。可以抑制酪氨酸酶和多巴色素互变酶、DHICA氧化酶的活性。

○ 甘草提取物的安全性很好，目前没有皮肤不良反应相关报道，是已被证实的功能全面的植物美白成分。

除此以外，也有其他化学和植物祛斑美白功效成分，如凝血酸（氨甲环酸）、曲酸、桑叶提取物等。

实际上，很多产品使用了不只一种祛斑美白成分，这是因为一种成分一般只对皮肤变黑的一个步骤起抑制作用，要有效控制皮肤变黑，需要控制各个环节，这就是近年来流行的"协同效应"美白理论。从这个角度来说，选用含两种及以上祛斑美白成分的产品效果会比较好。

烟酰胺

甘草提取物

熊果苷

抗坏血酸

四己基癸醇抗坏血酸酯

凝血酸

植物美白
真的安全又有效吗

很多人执着于植物美白，总觉得植物提取物既然是天然的就是安全的。这是一个误区。

安全性　　首先植物不等于安全，很多植物都是有毒性的。其次植物提取物中真正具有活性的成分也是化学物质。熊果苷、光甘草定就是很好的例子，最初也分别是从熊果、光果甘草等植物中提取的。植物提取物中活性成分的安全性和单一化学物质的安全性没有本质区别。植物提取物是一种混合物，考虑其安全性时，应该全面考虑活性成分以外的其他提取成分、杂质等可能带来的安全风险，所以植物的安全性评价比单一化学物质复杂得多。

功效性　　产品的功效与其所含活性成分的含量有很大关系。剂量达不到，也就谈不上功效。如韩国将熊果苷的有效使用量设定为2%~5%，也就是说，在这个含量范围内产品才有效果。当然，有效使用量还与配伍情况等有关。多种功效成分配合使用时，每一个成分可能会在更低使用量下就有效；抗坏血酸在水剂产品中不稳定而失效，在醇类基质中则能稳定发挥作用。植物提取物在产品中的使用量通常不是很高，提取物中活性成分的含量可能更低，所以尽管理论上很多植物具有祛斑美白功效，但在实际产品中不一定真正能起到作用。

速效祛斑
是美丽的神话

　　谈到祛斑，大家恨不得一夜间脸上的"斑"消失了。大家希望快速祛斑的愿望很容易理解。那么，真的有快速起效的"速效"祛斑产品吗？愿望很美好，现实很骨感。根据人体的生理代谢周期，皮肤祛斑或淡斑需要一个过程。目前所谓的"速效"，无一例外，要么是夸大宣传，要么是违规添加了一些禁用组分。而后者是祛斑类违规化妆品目前存在的最大问题。国家化妆品监督抽检中多次发现一些不良商家为了迎合消费者急于求成的心理在化妆品中违法添加高浓度汞盐。

> 汞　　　能干扰皮肤内的酪氨酸酶活性，有效减少黑色素的形成，具有祛斑见效快的特点，但高浓度的含汞化妆品会产生一系列的不良反应，严重的可导致汞中毒甚至死亡。

　　但也不用谈"汞"色变，汞是自然界普遍存在的污染物，即便是自然界本底中也含有汞，因此水、空气、土壤等环境介质及粮食、水产

我的汞残留量没有超过1mg/kg
请放心使用我！

品等食物样本中都会含有极微量的汞，化妆品也不例外。即便没有添加汞，由于原料带入、生产过程带入等原因，产品中可能会存在微量或痕量汞，这是正常现象。化妆品中汞残留量的最高限值为1mg/kg。汞在化妆品中的残留只要不超过法规限量，这些产品是安全的。

作为消费者该如何鉴别含汞的违规产品？普通消费者想鉴别汞含量较高的违规化妆品，难度还是很大的。最科学准确的方法是送到有资质的权威检验机构采用专业的仪器设备进行检测。

作为消费者

 　理性消费，不要迷信快速祛斑的神话，更不要相信广告宣传，夸大虚假广告比比皆是。

 　正规渠道购买正规产品，不要轻易购买微淘、网购或所谓自制、新鲜、纯天然的产品。

 　产品使用后效果出奇的好，就一定要警惕，并关注使用过程中有没有其他不良反应，只要有不良反应一定要及时到医院就诊，以免延误病情。

根据以往检测样品的经验来看，汞含量非常高的化妆品会有金属光泽，黏稠度也会比较高，但普通消费者如果没有对比，不好辨别。

祛斑美白
化妆品的不良反应

即便是正规厂家生产的合格祛斑美白化妆品，如果使用不当，也有可能出现不良反应。那么祛斑美白类化妆品容易出现的问题都有哪些？

1. "超量" 的祛斑美白成分引起的不良反应

世上没有绝对的安全，化合物的毒性和剂量有关。美白功效成分也不例外。当其使用量达不到有效剂量时，产品没有效果，但如果剂量太大可能会有毒性或安全风险。所以消费者不能为了效果，一味地追求高含量功效成分。以熊果苷为例，韩国规定了其有效使用剂量2%~5%，台湾地区则规定了其使用上限为7%。也就是说该原料的使用量在2%~5%时有良好的美白功效，但超过7%可能就有安全风险了。

2. 储存不当引起的不良反应

功效成分的安全性还与储存环境有关。如研究表明含熊果苷的产品如果储存不当，可能会分解出氢醌，从而带来产品质量问题，进而影响消费者健康。

3. 个体差异造成的不良反应

由于每个人的肌肤特点不一样，即便是质量没有问题的化妆品也可能会引起过敏等不良反应，大家使用过程中要注意观察，易过敏体质的消费者使用前可以先少量使用做试验，确认不会引起过敏后再大量使用。

4. 注意事项中提到的不良反应

数年前日本一知名品牌化妆品爆出质量问题，后来发现罪魁祸首可能是新研发的功效成分"杜鹃醇"，据当时的日本媒体报道，使用该原料的产品导致皮肤出现"白斑"，并以这一事件为导火线，在化妆品中要求加入"可能出现白斑"的注意事项，以警示消费者关注"白斑"等不良反应。

大家购买及使用化妆品时，一定要养成关注产品注意事项的习惯，不要觉得事不关己。真正出现问题时，注意事项可以第一时间帮助大家查找问题的根源。

妆妆姐~今儿怎么这么好~还带我做头发呀~

这不马上过年了嘛~要美美的呀~自己做头发太无聊啦~有你陪着就好啦~

嘁！我就知道！上次你烫头发就让我陪你！为什么烫染不一起做啊！分着多麻烦！

哎呀！烫发和染发不能一起！那样对头发和身体都不好！

（回想上次画面）

第五章

染发烫发，
一把美丽的双刃剑

染发烫发已成为一种时尚，那什么是染发产品？什么是烫发产品？根据我国《化妆品卫生监督条例》及其实施细则的定义，具有改变头发颜色作用的化妆品都属于染发类产品；具有改变头发弯曲度，并维持相对稳定作用的化妆品是烫发化妆品。为了达到效果，染发产品和烫发产品分别加入了特殊功效原料染发剂和烫发剂，由于这些功效原料本身性质的复杂性和双重性，使得染发烫发让人变美丽的背后也存在一些潜在的威胁。

染发产品如何分类

染发类产品依据染色后发色保持的时间长短可分为暂时性、半永久性和永久性三种类型。

暂时性染发产品

顾名思义就是暂时的，主要用于临时性的头发修饰。其最大优点是所用染料分子量相对较大，很少损伤发质，也不易透过皮肤，产品相对更为安全，因为容易用香波和水洗掉，便于重复染色或随意改变发色，可塑性较强。缺点是使用不小心易沾染衣物。

半永久性染发产品

保持发色的时间介于暂时性和永久性染发产品之间。使用后，在洗发时常可见到颜料被洗出，通常可以抵挡6~12次的洗发过程而不至于褪色。半永久性染发产品的特点是发色保持时间相对较长，不像暂时性染发产品一洗就掉；安全性则优于永久性染发产品，尤其适合有染发需求但对永久性染发剂过敏的人群。

永久性染发产品

因具有染色效果好、保持时间长及色调范围宽等优点，占到80%以上的市场份额，是当前市场的主流产品。染发后可保持1~3个月。

　　根据染发机理的不同，染发类产品又可分为氧化型染发产品和非氧化型染发产品。一般来说氧化型属于永久性染发产品，非氧化型属于半永久性染发产品。

　　根据所用原料的不同，还可将染发产品分为三种。

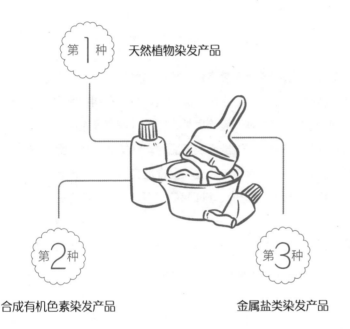

第1种　天然植物染发产品

第2种　合成有机色素染发产品

第3种　金属盐类染发产品

　　在我国最常见的是合成有机色素染发产品，几乎没有天然植物染发产品。金属盐类染发产品的主要成分是铅、银、铜、铁等金属盐，其中使用最广泛的是醋酸铅。大家见过"越梳越黑，一把梳子为你还原一头乌发"的电视购物广告吗？还有人专门到国外购买这样的"神梳"。其实这一点都不神奇，这种梳子就是通过醋酸铅溶液渐渐地将头发染黑。染发剂中所含重金属离子易引起蓄积毒性，对人体的危害非常大，长期使用会导致慢性铅中毒，因此在我国属于禁止使用产品。但仍有一些国家允许使用醋酸铅作为染发剂。

选用染发产品时应注意哪些问题

购买时应选择正规商店包装完好、标识清楚的产品，除查看产品名称、生产企业名称和地址、净含量、成分表、生产日期和保质期（或生产批号和限期使用日期）等一般信息外，还要仔细查看生产许可证、特殊用途化妆品批准文号（暂时性染发产品看备案凭证）及产品标准号。

如果是进口产品，要查看进口化妆品批准文号、中文产品名称、制造者的名称和地址以及经销商、进口商或代理商在国内依法登记注册的名称和地址，以免购买到假冒伪劣产品。建议消费者保存好购买凭证和产品包装信息，还可登陆国家药品监督管理局网站或下载化妆品监管APP查询、核对产品有关信息。

当然更多的时候消费者是在美容美发店直接使用店里推荐的染发产品。这时候就要提高警惕了，千万不要轻信店里的各种宣传，一定要理性消费。很多美容美发店为降低成本，会在批发市场等地低价批量采购，难免会鱼目混珠。

你会看染发
产品的批准文号吗

染发产品的批准文号标注方式和其他化妆品是一样的，但有3个关键点要特别注意。

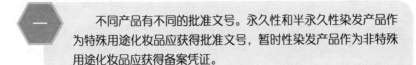

一 不同产品有不同的批准文号。永久性和半永久性染发产品作为特殊用途化妆品应获得批准文号，暂时性染发产品作为非特殊用途化妆品应获得备案凭证。

二 批准文号和身份证一样是一品一号的。同一品牌每一种颜色的染发产品只有一个批准文号。很多化妆品企业旗下同一品牌染发产品都会有不同的颜色，以供消费者选择。为了节省审批成本，有些不良企业，只申请一个颜色产品的批准文号，其他颜色共用这一个号，监管人员称其为"套号"，即套用其他产品的批准文号，这属于无证销售。所以消费者在美容美发店染发不仅要关注自己选择的某一颜色产品有没有批准文号，也要关注和其他颜色产品是否存在"套号"的现象。

三 配套使用的两剂型染发产品共用一个号。因为染发产品中的染剂和氧化剂均不能单独使用，必须配套销售，即1剂和2剂作为一个产品只有一个号。有些染剂可能会与6%，9%，12%等不同浓度的氧化剂配合使用，这时候针对不同浓度，应该分别获得3个批准文号。

关注警示语，让染发更安全

染发产品的外包装上除了我们常见的化妆品相关信息外，最重要的无一例外都有长长的使用说明和警示用语。根据我国《化妆品安全技术规范》，所有染发产品标签上均需标注以下警示语。

1　染发剂可能引起严重过敏反应。

2　使用前请阅读说明书，并按照其要求使用。

3　本产品不适合16岁以下消费者使用。

4　不可用于染眉毛和眼睫毛，如果不慎入眼，应立即冲洗。

5　专业使用时，应戴合适手套。

6　在下述情况下，请不要染发：面部有皮疹或头皮有过敏、炎症或破损；以前染发时曾有不良反应的经历。

　　说明书上除了会详细告知使用方法外，有些产品还会详细告知如何做皮肤过敏试验。

　　了解了警示用语，染发过程中还应注意什么？

1　如果使用说明书提示该产品为专业使用，则不建议消费者自行使用。

2　染发前48小时按说明书中的提示做必要的皮肤过敏试验。染发前还应先检查头皮，若存在有破伤、疮疖、皮炎者不宜染发。

3　染发时染发剂最好能与头皮相隔一段距离，不要直接染在头皮上。染发后要彻底把头发和头皮洗干净，以免头皮上积累染发产品。洗时切忌用力抓挠，以免造成头皮破损。

4　不要频繁和重复染发，只染新长出来的地方就可以了。如果要经常染发，最好选用暂时性染发产品和半永久性染发产品，减少对头发的伤害。使用永久性黑色染发产品的消费者，可以考虑换用颜色较浅的，可以降低对苯二胺的接触量。

小贴士

敏感人群如何选择染发产品？

　　染发产品的最大风险就是过敏。所以对于过敏体质的人群来说，最好不要染发。如果一定要染发，可以考虑选择暂时性染发产品或半永久性染发产品。如果一定要使用永久性染发产品，最好能带着产品先去医院做皮肤斑贴试验，确保不对染发产品过敏。另外需要注意的是，第一次使用不过敏，不表示永远不过敏。同一款染发产品首次使用无过敏反应，再次使用时，皮肤也有可能出现过敏反应。而且染发越频繁，过敏风险也越大。所以即便是非敏感皮肤的人群，染发前进行过敏试验也还是非常重要的。

染发类化妆品
有哪些不良反应

　　传统氧化型染发产品所采用的主要功效成分是以对苯二胺为首的苯胺类化学物质，虽然该类物质因为存在一定毒性和致敏作用而备受诟病。但时至今日，仍无法找到更好的替代物。

　　国家化妆品不良反应监测系统收到的染发类化妆品不良反应和事件报告初步判断主要以化妆品接触性皮炎和化妆品毛发损害为主；不良反应发生部位以头皮、额部为主；染发类化妆品不良反应的主要表现以皮损红斑、丘疹为主，其次为斑丘疹、水肿、渗出、水疱、风团、毛囊炎样、苔藓样变等；使用者自觉症状以瘙痒为主，其次为灼热感、疼痛、紧绷感、干燥、头晕、头痛等。

　　2017年国家化妆品不良反应监测系统共收到染发类化妆品不良反应和事件报告2688份，占收集到全部特殊用途化妆品不良反应报告（12790份）的21.0%，其中报告类型为严重的有25份，占特殊用途化妆品严重报告总数（45份）的55.6%。由此可见，尽管发生不良反应的比例不是很高，但发生严重不良反应的比例却大于50%，说明染发产品一旦发生不良反应其程度往往会很严重。消费者千万不要带着侥幸心理盲目地使用染发产品。

小贴士

儿童可以染发吗？

近年来，烫发、染发、做造型已不再是成年人的专利，一些追求时尚、个性的年轻家长除了打扮自己，还热衷于带着孩子追赶烫发、染发的潮流，甚至一些儿童也加入到了"烫染一族"。一般来说，儿童正处在生长发育阶段，头发和皮肤较细嫩脆弱，对化学物质的抵御能力较差，染发产品中一些刺激性较强的化学物质易通过皮肤渗入身体，从而发生皮肤过敏、发炎等不适。虽然家长希望自己的孩子帅气、时尚，但过度打扮不利于孩子的健康成长。我国《化妆品安全技术规范》指出染发类产品不适合16岁以下的消费者使用。因此为了孩子的健康安全，儿童染发需慎重。

染发对人体
健康有危害吗

随着染发越来越家喻户晓，染发产品也越来越多。然而，不少专家从一开始就警告说，各类染发剂均可能存在一定的健康隐患。

染发是具有一定致敏危险的过程

染发产品中使用的苯胺类染料具有一定的毒性和致敏性，并且和多种致敏原有交叉反应，所以使用染发剂引起过敏的事例时有发生，表现为局部刺痒、疼痛，出现红斑、水肿、丘疹、水疱，严重者可有大疱、组织液渗出、糜烂，乃至出现全身性反应。为了最大程度避免过敏，建议按染发化妆品标签上提示，进行皮肤过敏测试之后再使用这些产品。一旦确定对某种成分过敏，则应该避免使用含有这种成分的任何产品。

> 迄今为止，尚无研究证实对苯二胺在人体内积聚多少会致癌，但它却会破坏血细胞、阻碍代谢，更有可能造成贫血等。

美国研究人员还发现，染发24年以上的女性患非霍奇金淋巴瘤的概率较高。尽管种种迹象都在表明，染发有可能存在严重的健康隐患，但迄今为止染发剂的健康危害程度尤其是致癌性没有定论，不过频繁染发会影响人体健康是肯定的，减少染发的次数与频率，可避免祸从"发"入。

洗染型染发 产品有安全风险吗

7

在电视或网络购物广告上经常看到在家洗发的同时轻松将头发染黑的视频宣传，让很多消费者，尤其是经常需要染发又不愿意去美发店的老年人怦然心动。如果真的在洗发的同时将染发的大问题解决了岂不是又方便又快捷。

那么真的可以洗染同时进行吗？有没有安全风险？洗染型的染发产品里添加了大量的表面活性剂，洗发时水温较高，难免还要揉搓按摩，上述种种原因无形中会提高染发产品的透皮吸收率，加大致敏风险。此外，洗发的频次远大于染发的频次，如果被广告宣传误导，频繁地洗发染发，引起不良反应的风险就大大增加了。所以洗染型产品使用不当还是有风险的。

我国严格审批洗染型染发产品，在化妆品监管APP查询会发现，曾经批准过的绝大部分洗染型染发产品批件都已过期，只有一款产品的批件在有效期内，但在使用方法上严格限制了使用频次，其本质还是染发产品。有些暂时性或半永久性染发产品说明书上写的是可以在洗浴的时候使用，但都是洗发前或洗发后使用，不属于具有洗染功能的染发产品。

植物染发产品真的无毒无害吗

染发已成为一种时尚进入人们的日常生活，为避免化学染发产品可能带来的种种弊端，近些年对植物染发产品的研发掀起新的热潮。尤其是对永久性染发产品过敏的人群对植物染发产品更是情有独钟。植物染发产品主要以天然植物性色素为原料，通过物理方法或极少量化学方法辅助完成染发。那么植物染发产品真的是纯天然无毒无害的吗？非也。

首先　纯植物的染发产品染色效果不会很好，类似暂时性染发产品或半永久性染发产品。如果染色效果可与永久性染发产品媲美，肯定是添加了化学染发成分，并以此为主要功效成分，所谓的纯天然只是虚假宣传而已。

其次　纯天然不等于无毒无害。植物中的很多活性成分也是化学物质，有毒无毒与是纯植物还是合成的化学物质没有必然联系，千万不要被纯植物迷惑住了。

另外　目前我国允许作为染发功效成分的植物提取物只有五倍子提取物，且须与硫酸亚铁配合使用，也不是所谓的纯天然。

小贴士

海娜粉植物染发，真的安全吗？

说到植物染发，相信大家马上会想到海娜粉。在网上，海娜粉的人气非常高。很多人觉得海娜属于纯植物染发，不易致敏，但也有一些微弱的声音说海娜有毒，不能使用。真相到底是什么样的？

首先要说的是合规性。我国没有审批过任何一款海娜染发产品，所以，海娜染发产品在我国属于违规产品，更不是《化妆品安全技术规范》所列的准用染发剂。

其次要说的是安全性。海娜粉以海娜（Henna）花提取物为主要功效原料。就如大家小时候常用来染指甲的凤仙花一样，凤仙花或海娜花的主要功效成分是一样的，叫作指甲花醌，它属于萘醌类化合物。这些植物原料用于染发、染指甲、纹身已有几百年的历史，尤其在许多历史悠久的国家，如中国、印度和埃及等。2013年，欧盟消费者安全科学委员会明确指出指甲花醌有遗传毒性，当然这是针对纯指甲花醌而言的。凤仙花或海娜花提取物中的指甲花醌含量比较低，因此委员会认为，100g海娜粉与300ml沸水混合，且水溶液中指甲花醌的含量小于1.4%时，作为染发剂使用是安全的。至于其他的提取方式，因为提取方式不同，组分也会有差异，并不在此次评估之列，并期待进一步的再评估。

由此可见，海娜粉的安全性是有严格的前提条件的，鉴于可能的安全风险建议大家最好不要使用。

烫发对人体
健康有危害吗

在烫发产品原料中，毒性较大的主要是巯基乙酸盐、溴酸盐、氨水、过氧化氢和过硼酸钠。

巯基乙酸盐　　毒性可能与它对某些酶的巯基作用有关，中毒可出现乏力、喘息、抽搐等症状，高浓度时对皮肤和黏膜有强烈的刺激作用，使用时要尽量避免与皮肤接触。动物实验证实化学烫发剂中的巯基乙酸极易通过完整的皮肤侵入体内，属于高毒物质。因此，患有慢性肝脏或肾脏疾病的人要尽量少接触冷烫液。

烫发产品中的其他常见成分对人体健康的危害：

氨水　　能散发出强刺激气味的氨气，严重刺激和损害呼吸器官、眼睛及皮肤。

溴酸盐　　急性中毒可引起中枢神经抑制、低血压、心动过速、呼吸困难。

过硼酸钠 有刺激性，可引起恶心、呕吐、腹痛、腹泻、呕血、便血、乏力、头痛、失眠、震颤、抽搐等，严重者可引起中枢抑制、贫血、肾功能损伤。

过氧化氢 是强氧化剂，可引起皮肤、黏膜、眼睛等部位的烧灼伤或急性炎症。

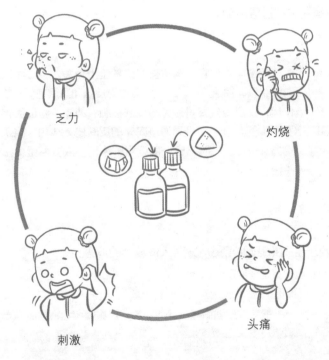

任何个体在使用烫发产品之前，都必须做皮肤试验，用来检验所用制剂对皮肤有无致敏作用。在烫发后，应该立即认真清洗头发，尽量减少烫发剂在头发上的残留。当头皮上有任何原因造成的损伤时，应避免烫发，以减少烫发剂中有害物质经破损的头皮侵入机体。

正确识读烫发产品的标签标识

烫发产品的标签标识内容和其他化妆品是一样的，但需要特别注意批准文号、使用说明和注意事项。

先说说批准文号

常用的两剂型烫发产品是配套使用的，所以1剂和2剂共用一个号，谁也离不开谁。如果是三剂型产品，第3剂一般是普通的护发产品，有可能单独使用，所以会单独有一个备案编号。大家使用之前要查询好，以确认是否为正规产品。

再说说使用说明和注意事项

美容美发店最常用的烫发产品的功效成分是巯基乙酸和半胱氨酸。使用半胱氨酸的就是经常宣传的氨基酸烫发产品，目前对于功效成分的使用量、使用说明和注意事项等都没有限制。使用巯基乙酸的烫发产品，《化妆品安全技术规范》对其使用量、使用说明和注意事项等进行了严格规定。根据功效成分使用量的不同，巯基乙酸烫发产品可分为一般用（限值8%）和专业用（限值11%），当然专业用烫发产品的刺激性肯定大于一般用，因此除非是抗拒性发质，普通发质可选择一般用产品。

在中文标签上巯基乙酸烫发产品还要标注

- 含巯基乙酸

- 按用法说明使用

- 防止儿童抓拿

- 仅供专业使用

- 避免接触眼睛，如果产品不慎入眼，应立即用大量水冲洗，并找医生处治等注意事项

因为2剂通常使用过氧化氢，注意事项中还需标注

- 需戴合适手套

- 含过氧化氢的警示用语

是否准确全面地标注了注意事项，也能反映出产品是否来源于正规渠道。

染发的同时可以烫发吗

染发、烫发都是为了让秀发换个色、变个样。很多消费者认为好不容易来一趟美容美发店，花半天时间一次解决最省事。但是很遗憾，染发、烫发不宜同时。从对头发的伤害而言，无论是染发还是烫发都会不同程度地损伤头发，两种产品加在一起，伤害会加重，头发和头皮都会吃不消。从效果上来说，对烫发的影响不是很大，但染发产品的上色效果会变差。

正确的做法是，为自己的头发健康着想，一定要将烫发、染发分开进行，而且先烫后染，中间最好间隔一个月左右。这是为了让头发有足够的休养生息的时间，尽量降低对头发的损害。

先烫后染的原因是使用烫发产品后头发的毛鳞片会打开，上色变得容易，而反过来先染发，等到烫发时，毛鳞片张开会导致已染上的颜色流失。

染发的同时可以烫发吗？

烫发和染发不能一起！那样对头发和身体都不好！

第六章

其他化妆品，你了解吗

　　为便于管理，在我国化妆品分为非特殊用途化妆品和特殊用途化妆品两大类。日常使用的护肤霜、洗面奶、洗发液、彩妆品等都属于非特殊用途化妆品，只需在省级化妆品监管部门备案，有备案编号就可销售。特殊用途化妆品是指用于育发、染发、烫发、脱毛、美乳、健美、除臭、祛斑、防晒等目的的化妆品，需在国家级化妆品监管部门注册，获得注册批件后方可销售。特殊用途化妆品具有5大特殊性，即原料特殊、工艺特殊、测试特殊、使用特殊和管理特殊。由于特殊用途化妆品具有一定功效，原料中或多或少会添加一些功效成分，导致原料和工艺不同于非特殊用途化妆品。化妆品种类繁多，除了前面提到的基础护理品和防晒、祛斑美白、染发、烫发等常见品种，还有一些化妆品有些"特别"，你需要了解。

祛痘类化妆品中的战"痘"成分

市面上的祛痘类化妆品非常多，那么它们靠什么战"痘"，到底有没有效果呢？

水杨酸、乳酸、高岭土、三氯生、硫黄等都是化妆品常用的祛痘成分。

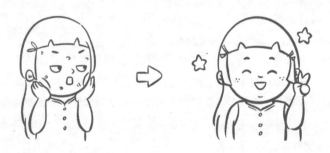

水杨酸

属于β-羟基酸，具有软化角质和中等程度的角质剥脱作用，还有抑菌功效，但不能抑制皮脂腺分泌油脂。

◇ 对皮肤的刺激性较小，是祛痘类产品最常用的成分，最高允许使用浓度为2%。水杨酸也可用于外用药物中，但浓度比在化妆品中大得多。

乳酸　　属于α-羟基酸，主要是帮助皮肤维护酸性环境，是常用的角质剥脱剂，有抗粉刺作用和轻微的抑菌作用。

◇ 化妆品中的最高允许使用浓度为6%，但在医院可以接触到高浓度（10%~20%）的乳酸作为角质剥脱剂。使用了乳酸的皮肤非常敏感，外出一定要注意防晒。

高岭土　　有吸油、控油的作用，对皮脂腺分泌有一定的抑制作用。

◇ 可以和水杨酸等其他功效成分配合使用，化妆品中没用使用限制。

三氯生　　是一种高效广谱的抗菌剂，能杀灭金黄色葡萄球菌等10余种细菌和病毒，而且还能抑制炎症性细胞因子的释放，避免炎症反应的加重和扩展，是一种良好的抗菌消炎剂。

◇ 但在化妆品中不能随意使用，可作为防腐剂使用在洗手皂、浴皂、沐浴液、非喷雾型除臭剂、化妆粉、遮瑕膏及指甲清洁剂等产品中，限值是0.3%。

硫黄　　有角质剥脱、抗粉刺、抗菌等作用，还能有效抑制皮脂腺分泌。

◇ 化妆品中没有用量限制，但因为有特殊气味，且会使皮肤干燥，在化妆品中较少使用或使用量较低。民间一说长"痘痘"，就会建议用硫黄皂洗脸，说明还是有一定效果的。

除了一些允许使用的化妆品原料，有些企业为了达到祛痘效果，还经常会在化妆品中违规添加一些禁用组分。

是一种外用药物，在医院经常作为抗粉刺药物使用。但是对皮肤有较强的刺激性，因此应在皮肤科医生的指导下使用。我国规定化妆品中不得使用维甲酸及其盐类。

对油脂分泌有中等抑制作用，抗菌作用非常强，对皮肤的刺激性也较强，其作为外用药允许用于痤疮治疗，但不能作为化妆品原料。

抗生素具有很强的抗菌功效和一定的抗炎功效，对皮肤的刺激性较小，但可能使皮肤过敏或使细菌产生耐药性。我国现已要求药店必须在看到医生处方后才可以出售抗生素化妆品中不得添加抗生素成分。

属于合成的抗生素类药物，因其副作用，也禁止加入到化妆品中。

对于普通消费者而言，很难区分，但一定要做到购买正规企业生产的正规化妆品，不要"病急乱投医"，使用渠道不明的化妆品，"痘痘"没祛成，反而影响了健康。

"痘痘肌"使用化妆品应注意什么

　　许多爱美的朋友，脸上越是长痘就越是想用化妆来掩盖瑕疵。但是这么做的结果往往会导致情况恶化。长了青春痘应慎用化妆品，尽量避免使用过多的护肤品和彩妆品，给皮肤带来过重负担。如果一定要化妆，建议采用淡妆，而且不要使用油性化妆品，回家后尽早卸妆。如果青春痘长期不愈，还是建议停止使用所有的化妆品，因为它们很容易堵塞毛孔而引起更多的青春痘。

　　"痘痘"肌肤使用化妆品应注意以下几点：

❶ 首先是清洁

　　如果处于治疗阶段，应在医生指导下正确进行清洁。若症状比较严重，使用医院皮肤清洁药水清洗患部。一般情况下可用中性皂及温水洗脸，油脂分泌旺盛的人也可以用硫黄皂洗脸。

　　为减少皮肤刺激，不要用磨砂膏等洁面产品清洗，其会过度刺激表皮，恶化已发炎的皮肤状况，同时也会激化皮脂腺的分泌功能，使情况更糟。收敛水能收缩毛孔，使原本已堵塞的毛孔变得更小。因此有青春痘的朋友不要用磨砂膏和收敛水。

❷ 可以在患部涂上外用药，待外用药吸收完全后再使用化妆品

时间上最好间隔20~30分钟。如果处于治疗阶段，不建议使用专门的祛痘类产品，可以选择温和的刺激性小的护肤产品。一般情况下可以选择具有控油、净脂功能的护肤品，既能控制皮脂腺分泌，还能在皮肤表面"吸油"，将油脂转化，同时收缩毛孔，使油脂分泌量降低。

❸ 为达到"遮瑕"美化效果，可适度涂抹粉底，但要注意避免油溶性产品，以免青春痘状况恶化。目前有些化妆品企业已研发出适合油性皮肤使用的水粉霜，质地清爽，不含增加皮肤负担的油脂，同时具有粉底和散粉的功能，不会因再扑散粉而使"痘痘"更明显。

频繁使用指甲油
会不会造成甲损伤

现在大街上的美甲店特别流行，很多女性恨不得每周都去美甲，根据心情和着装，还频繁地更新指甲油。那么频繁使用指甲油会不会损伤指甲呢？答案是肯定的。

指甲油的主要成分包括溶剂、着色剂、成膜剂和增塑剂等。

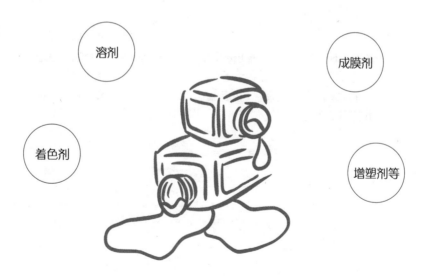

为了使指甲油快速干透，指甲油中一般都会加入70%~80%的挥发性有机溶剂，这些成分属于危险化学品，易燃易爆，在挥发时令人眩晕，长期使用可能会损伤指甲，导致脆甲、甲纵嵴、黄甲、甲营养不良等损害，涂抹不当也有可能因刺激甲沟，造成甲沟炎等损害。

指甲油中的着色剂种类较多，有增加光泽的二氧化钛、云母等无机着色剂，更多的是赋予色彩的各种有机着色剂，可能会带入一些有毒有害杂质。

成膜剂一般都是高分子聚合物，为了增加薄膜的可塑性，可能会添加邻苯二甲酸酯等成分作为增塑剂。不管是高分子聚合物的单体还是各种增塑剂都是需要引起关注的安全风险因素。

为了指甲的健康，奉劝大家少用指甲油。孕妇、哺乳期女性应该避免使用指甲油，家长也不要给孩子涂抹指甲油，自然的儿童是最可爱的，过多的人工痕迹不仅剥夺了孩子的天真，更可能损害孩子的健康。患有灰指甲（甲癣）、甲营养不良的患者及敏感体质者也应避免使用指甲油。

如何使用洗甲水

　　洗甲水是指甲油清除剂的俗称。许多女性喜欢频繁地更换指甲造型，在使用新指甲油前，往往需要清除陈旧的涂层，这就需要使用指甲油清除剂。

　　指甲油清除剂是由丙酮、乙酸乙酯、乙醇等构成的强效有机溶剂，用于溶解指甲油中的成膜剂，并在溶解、清除指甲油的同时，也会清除指甲上原有的脂质并造成脱水。因此，指甲油清除剂中常加入赋脂剂，如脂肪酸酯、羊毛脂衍生物等。

指甲油清除剂的主要成分都是易燃的有机溶剂。因此，指甲油的制备、贮存、运输和使用均应注意防火防爆。在家使用因为量很少，不用过于担心，但无论是指甲油还是指甲油清除剂都应远离火源和高温。

洗甲水听着是水，实际上和水没有任何关系，纯粹是有机溶剂，使用多了指甲表面的角质层因干燥而变得粗糙、脆弱。因此，使用过程中不能和水一样，随意大量使用甚至浸泡指甲，也不能用来猛擦指甲，这会使甲面变得黯淡、无光泽。

正确的做法是：

将蘸了洗甲水的化妆棉压在指甲上5秒钟，指甲油自然就脱落了。

如果仍未清除干净，可以再做一次，记住用量一定要少。

使用去屑洗发水
就能达到去屑效果吗

许多消费者会反映长期使用去屑洗发水，头屑烦恼却挥之不去。难道真的是去屑剂没有用吗？

其实不然。这与产品的质量有直接关系。

去屑剂就像一把双刃剑，一方面它能制止头屑的再生，但另一方面，很多去屑剂会去掉头皮油脂成分，使头发干枯。

因此，选择一个好的富脂剂来给头发提供适当的油脂就显得尤为重要。

好的去屑产品

除了特别添加氨基酸、泛醇、柔发因子、修复因子、保湿成分等多种对头发有护理功能的成分外，将富脂剂加入到洗发用品中，可为头发提供适当的油脂，有效锁住水分。

它不仅能够去屑，而且也能为头发提供应有的保护。

　　但有一个不容忽视的事实是现今的洗发水市场，标榜去屑的产品虽然琳琅满目，但只有配方中标注了去屑剂的产品才会被强制要求检测去屑功效成分，导致一些去屑洗发水并不含真正有效的去屑成分，即便是添加了去屑成分，为降低成本，一些企业也不会添加护发成分。这就造成了去屑洗发水质量良莠不齐，要么达不到去屑效果，要么有些劣质的去屑洗发水不仅不会滋润头皮，反而会分解剥落干燥、疏松的皮肤，使头皮屑的脱落情况更加严重。

66

　　有头屑的消费者应根据自身情况选择适合自己发质的好的去屑洗发水，并坚持有规律地使用，**就能使去屑因子持续发生作用，使头部皮肤真菌保持正常水平**，从而给予头发健康稳定的生长环境，真正达到去屑又护发的双重功效。

99

┌─ 小贴士 ─────────────────────────────

头皮屑是如何产生的？

头皮屑是肉眼可见的头皮皮肤细胞剥落碎片，它是因为过量的头皮细胞剥落而引起的，这种剥落现象有如皮肤晒伤后的脱皮。正常头皮细胞的更替周期是28天，角质细胞完全成熟后，以肉眼无法看见的微小细胞剥落。而有头皮屑的头皮，其更替周期为14天到21天。不成熟的细胞到达皮肤顶层，便会以肉眼可见的碎片剥落，形成头皮屑。

头皮屑产生的过程从根本上说是人体的一种生理代谢过程。头部的表皮细胞跟身体其他部位皮肤的生理状况相似，在基底层逐渐成熟而向外推移，形成角质层，并以不易见到的细微粉末脱落。脱落本身是一种正常的生理代谢，然而由于受到各种内外因素的影响，当表皮细胞角质化变换过程加速或发生变异，头皮细胞会变大变厚聚集而脱落成头皮屑，每片头皮屑大概由100~500个头皮细胞组成。雪花般的头屑令人产生不快，影响人们的正常心态与生活。

头皮屑有干性和湿性之分。干性头屑是由头皮角质化亢进而引起的角质层异常剥离造成的；而湿性头屑是由皮脂分泌过剩造成的。当头皮屑大量积累并被头皮上的细菌分解时，分解的产物会刺激头皮引起瘙痒和炎症。

头皮屑增多一年四季皆可发生，以春秋季节明显。开始的时候是小片，随后可大片或整个头皮遍布灰白色细小而油腻的鳞屑。洗头后很快又产生新的鳞屑，常感瘙痒。日久头发逐渐稀疏脱落，并日益加重，严重者头皮可发生红斑丘疹等皮炎症状，引起更大痛苦。

└──────────────────────────────────

去屑洗发水中
有哪些常见的去屑剂

去屑剂可分为天然、有机和无机三大类。

天然型

　　是利用天然植物中所具有的抗菌成分制成的，尚处于不断研发阶段，其优点是毒性小，缺点是颜色深，应用范围受到限制。

有机抗菌剂

　　以有机酸、酚、醇为主要成分，以破坏细胞膜，使蛋白质变性、代谢受阻等为抗菌机理，其优点是杀菌力强、即效好、来源广泛，缺点是毒性大、会产生微生物耐药性、耐热性较差、易迁移等。

无机抗菌剂

一般含有银、锌、铜等金属离子成分和无机载体，通过缓释作用提高抗菌长效性，其优点是不产生耐药性、耐热性能优异，缺点是容易变色、成本较高。

目前市场上的去屑香波中常见的去屑剂有水杨酸、吡硫嗡锌（ZPT）、氯咪巴唑、吡咯克酮乙醇胺盐、二硫化硒等。也有去屑香波挂着药店专售的旗号，其有效成分一般都是酮康唑。

酮康唑是化妆品禁用组分，因此消费者在药店购买时一定要关注这类含酮康唑的产品的标注信息，如果标了化妆品的批准文号或备案编号，则肯定属于违规产品千万不要购买；如果标注的是国药准字，就要特别关注其适应证及用法用量，千万别当普通洗发香波随意使用。

"无硅油"
洗发水的神话

近一段时间，网络上流传一份"洗发水黑名单"，很多知名品牌洗发水均不幸入围。网友列此名单的缘由是因为它们都含有一种叫作"硅油"的化妆品原料，长期使用会导致脱发。然而真相果真如此吗？

化妆品原料"硅油"

"硅油"的正规名称是聚二甲基硅氧烷，无色无味、性质稳定，是常用的高分子有机化合物，它凭借出色的浸润性和疏水性附着在毛鳞片中，填补破损的毛鳞片使头发表面变平整，减少头发之间的摩擦和手指对头发的伤害，是很好的柔顺剂，广泛用于各种头发洗护产品中。

与单纯使用洗发水后的头发相比，"硅油"能进一步锁住头发中的水分，滋润保湿效果好，起到保护膜的作用，对受损头发的修护非常有效，但硅油的添加会让头发变得厚重。

一般来说洗发水中的"硅油"含量并不高，在水和表面活性剂的作用下，几乎不会残留在毛囊中，因此大家不必过于担忧，可以根据自己头发的实际情况合理选择"含硅油"或"无硅油"的洗发水。

　　如果头发干枯、烫发染发、受损严重、打结等，可以选择含硅油的洗发水，对受损发质有很好的修护效果。

　　如果头发出油、发质细软、发量偏少、扁塌等，可以选择无硅油的洗发水。

　　含硅油或无硅油其实没有一个优劣问题，不要过于纠结，根据自己的发质选择适合自己的洗发水。还要提醒大家，在我国不允许化妆品企业进行"无硅油""无酒精""无羟苯甲酯"等片面宣传，如果碰到进行这类宣传的产品还得三思而后行。

防脱洗发露
是育发产品吗

很多人为脱发烦恼。脱发并不都是病。

毛发的生长有周期性，随着生长周期的结束，毛发就会自行脱落而被新的毛发所替代。正常情况下，人的头发每天都会脱落几十根。正常的脱发是散在发生的，且很快又会有新发长出，脱落与生长处于动态平衡状态，所以不会造成头发的减少或形成秃发。

人们大可不必为每天梳头、洗头发时的脱发忧愁。在人的一生中，15~30岁头发生长最快，随着年龄的增长生长速度逐渐减慢，而且随着皮肤的老化、毛囊数目逐渐减少，头发会逐渐稀少；有些妇女产后头发脱落较明显，这是由于内分泌及营养原因所造成的，经过一段时间的自我调节多数可以恢复。上述情况都属于正常的生理现象。

如果一个人正值青壮年而脱发明显增多，毛发的脱落与新生不能维持动态平衡，头发日渐稀少，这可能就是病态了，需要积极地查找病因，对症治疗。

脱发的准确原因至今尚不十分清楚，但已发现脱发与遗传、内分泌、某些疾病、药物、精神心理等许多因素有关，大致可分为遗传性脱发、病源性脱发、药物性脱发、损伤性脱发等。

① 遗传性脱发

据统计，脱发患者有家族遗传史者占20%左右。其主要原因是体内雄性激素分泌过剩和皮脂分泌过度。因头皮皮质分泌过度，影响毛囊表皮的正常生长，皮脂形成栓塞，使毛囊逐渐萎缩，形成秃发。

② 病源性脱发

当人体患有皮肤病、内分泌系统疾病、急性传染病或慢性疾病时，均伴有不同程度的脱发。例如，甲状腺分泌功能失调、功能减退或亢进均能导致患者头发大量脱落。急性传染病，如伤寒、麻疹、流行性乙型脑炎等，在发病期间患者都伴有脱发现象。

③ 药物性脱发

据临床观察，很多药物可导致脱发。例如，砷制剂、铊制剂、避孕药，以及过量服用强壮滋补药品等都会发生不同程度的脱发。

④ 损伤性脱发

头发受到物理性或化学性损伤，可导致脱发。前者如机械损伤、放射性损伤、深度烧伤等。后者如酸碱、烫发剂、染发剂等对头皮有伤害的化学物质。

市面上的洗发产品很多都宣称具有防脱发功能，可见大家对防脱发功能的需求还是非常大的。那么防脱洗发露属于哪一类产品，它们真的具有防脱发功能吗？

我国《化妆品卫生监督条例》及其实施细则规定，育发化妆品是指有助于毛发生长、减少脱发和断发的化妆品，属于特殊用途化妆品。

防脱洗发露通常宣称减少脱发、断发等功能，按育发类产品管理。为保证其安全性，该类产品必须经过化妆品监管部门批准，取得批准文号后，方可生产和销售。

大家一定要购买有特殊用途化妆品批准文号的防脱洗发露，至少说明产品是经过批准的正规产品。

至于防脱洗发露的效果，很遗憾地告诉大家，还没有国际公认的功效评价方法及评价标准。育发类化妆品的批件上明确标注了"化妆品监管部门并未对产品的功效进行评价"。也就是说，标签上宣称的功效的真实性由企业负责。

你了解育发产品的功效成分吗

育发产品既然宣传有助于毛发生长、减少脱发和断发，肯定添加了一些功效成分吧。育发产品有两种类型，一种是和外用药一样专门涂抹于头皮上的育发剂，另一种就是前面提到的防脱洗发露。

育发剂

育发剂一般都是多种混合植物的乙醇提取物，通过促进血液循环、抑制皮脂分泌、加强营养等协同作用达到有助于毛发生长的目的。但是，育发产品不是药品，千万不要指望通过使用育发产品止脱、生发甚至是毛发再生。常用的植物包括辣椒、生姜、何首乌、侧柏叶、黑芝麻、人参等，并通过乙醇促进其吸收。

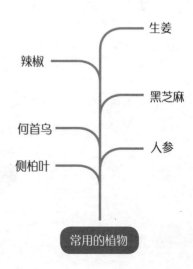

生姜
辣椒
黑芝麻
何首乌
人参
侧柏叶

常用的植物

防脱洗发露

防脱洗发露中也会添加这类植物提取物，但使用量远不及育发剂。有些育发产品则添加生物素作为功效成分，生物素又称维生素H、辅酶R，属于B族维生素之一，生物素缺乏可导致脱毛、体重减轻、皮炎等。20世纪30年代在研究酵母生长因子和根瘤菌的生长与呼吸促进因子时，从肝中发现的一种可以防治由于喂食生鸡蛋蛋白诱导的大鼠脱毛和皮肤损伤的因子。既然能防治大鼠脱毛，生物素会不会也有助于减少脱发呢？

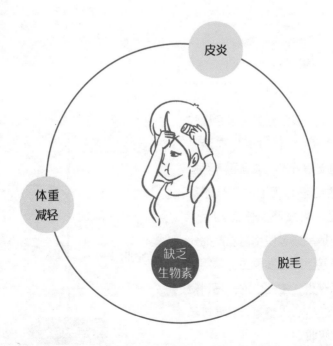

要想减少脱发甚至是治疗脱发，首先要弄清楚是哪种类型的脱发，对症下"药"，盲目使用化妆品或药品不仅起不到作用，严重的可能还会对健康产生危害。

　　虽然全社会都在强调化妆品的安全性，但在经济利益驱使下，仍然会有不法企业为了突出"功效"而非法添加禁用物质。育发产品中容易非法添加的物质有氮芥、斑蝥素、米诺地尔等。其中米诺地尔是降压药，其副作用就是长毛发。所以使用违规添加米诺地尔的产品，也许改变了外观，但带来的健康损害则是致命的。

脱毛化妆品 与剃毛器有何不同

　　人体全身几乎都生长有体毛，随其部位的不同体毛的粗细和长短不一，如腋毛、胸毛、腿部的体毛都较长、较粗，而且因人而异。体毛过长或过于浓密会影响美观，尤其是女性若唇部汗毛浓密，看上去如同长了胡子一般，严重影响女性的容貌美，必须将其拔除。脱毛化妆品即为此目的而使用的日用化学制品。我国《化妆品卫生监督条例》及其实施细则指出，脱毛化妆品是具有减少、消除体毛作用的化妆品。

　　脱毛化妆品主要是利用脱毛剂或脱毛蜡等将毛发暂时脱去，但不久还会长出新毛。

脱毛剂 ➡ 多用于脱细小的绒毛，经常使用可使新生毛发变细变轻，而且具有使用方便的特点，可在家中自己使用。脱毛剂对皮肤刺激性较大，因此不能长时间附着于皮肤上，使用完一定要用温水清洗干净，并涂上营养霜。

 需要注意的是，过敏性皮肤不宜使用。

脱毛蜡分为冻蜡和热蜡两种，属于物理脱毛。脱毛蜡一般都在美容院使用。

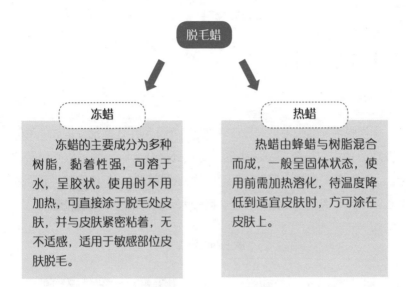

脱毛蜡

冻蜡

冻蜡的主要成分为多种树脂，黏着性强，可溶于水，呈胶状。使用时不用加热，可直接涂于脱毛处皮肤，并与皮肤紧密粘着，无不适感，适用于敏感部位皮肤脱毛。

热蜡

热蜡由蜂蜡与树脂混合而成，一般呈固体状态，使用前需加热溶化，待温度降低到适宜皮肤时，方可涂在皮肤上。

剃毛器 ➡ 一般的剃毛器剃除体毛时，仅仅刮去贴着皮肤表面的毛发，因此也属于暂时性脱毛，但和脱毛剂通过化学反应软化去除体毛及脱毛蜡从毛孔中除去毛发还是有区别的。

另外 ➡ 有一些特殊的脱毛器通过产生超高频振荡信号，形成静电场作用于毛发，破坏毛囊，进而脱去毛发，并且不再长出新毛，达到永久性脱毛的效果。这种脱毛方法无痛苦，不损伤周围皮肤，多次使用可使毛囊受损，失去再生毛发的能力。常用于脱去腋毛、倒长的睫毛及杂乱生长的眉毛等。

有哪些常用
的化学脱毛剂

　　化学脱毛剂的脱毛机理是在碱性条件下，利用还原剂将构成体毛的主要成分角蛋白胱氨酸链段中的二硫键还原成半胱氨酸，从而切断体毛，达到脱毛的目的，具有脱毛时间短、作用温和，不伤皮肤、脱毛效率高等特点。根据脱毛剂的类型，可分为无机脱毛剂和有机脱毛剂。

脱毛剂的特点

脱毛时间短 ……… 不伤皮肤 ……… 作用温和 ……… 脱毛效率高

❶ 无机脱毛剂

　　常见的无机脱毛剂是钠、钾、钙、钡、锶等碱金属和碱土金属的硫化物。《化妆品安全技术规范》将这些成分作为限用物质进行规范管理。

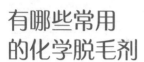

碱金属　　用于脱毛产品的碱金属的硫化物类物质（硫化锂、硫化钠和硫化钾等）在化妆品中的最大允许使用浓度为2%（以硫计），同时要求产品的pH≤12.7，产品标签上必须标注"防止儿童抓拿，避免接触眼睛"等警示用语。

用于脱毛产品的碱土金属的硫化物类物质（硫化镁、硫化钙和硫化锶等）在化妆品中的最大允许使用浓度为6%（以硫计），同时要求产品的pH值≤12.7，产品标签上也必须标注"防止儿童抓拿，避免接触眼睛"等警示用语。

❷ 有机脱毛剂

最常见的有机脱毛剂是巯基乙酸钙。巯基乙酸钙是稍有硫化物臭味的白色结晶粉末，对皮肤刺激性较低。《化妆品安全技术规范》规定，巯基乙酸及其盐类用作脱毛剂时，其在化妆品中最大允许使用浓度为5%（以巯基乙酸计），同时要求产品的pH值控制在7~12.7，并在产品标签上标注含巯基乙酸盐。

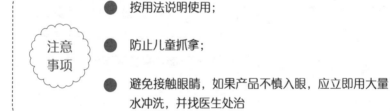

另外，脱毛产品中还有碱性成分，碱性条件可使角蛋白溶胀，有利于脱毛剂的渗入，提高脱毛效果。《化妆品安全技术规范》规定，氢氧化钙、氢氧化锂、氢氧化钾和氢氧化钠在脱毛产品中用作pH调节剂时，要求产品的pH值≤12.7，化妆品标签上必须标注"含强碱；避免接触眼睛；防止儿童抓拿"等警示用语。

腋臭会传染吗， 如何防治腋臭

　　腋臭也称狐臭，是发生在人体腋窝部位的特殊难闻的臭味，医学上称为局部汗臭症。有人认为腋臭会传染，而远离腋臭患者。这是不科学的，腋臭不会传染。腋臭的主要因素是遗传，大多数腋臭患者有家族遗传史，根据调查，双亲皆有腋臭，下一代有腋臭的概率为80%，若父母只有一方有腋臭，那遗传概率则为50%。此外，腋臭因人种、性别、年龄及气候条件不同而差别较大。东方黄种人较欧美白种人腋臭较轻，因此除臭类产品在欧美深受青睐。例如，美国1991年除臭类产品的销售额近15亿美元，仅次于香皂和护发化妆品的销售额。据国内医学资料统计，腋臭发病平均年龄在16~17岁，女性高于男性两倍以上，夏秋季节天气炎热，臭味加重。

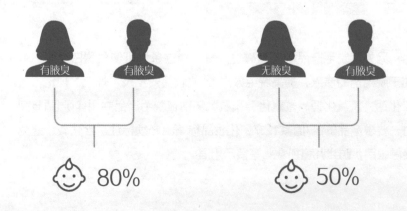

腋臭给人的相互交往带来不便，使患者精神苦恼。传统治疗腋臭的方法是局部对症治疗，防治原则是防臭除臭。具体防治方法如下。

① 讲究卫生

应加强个人卫生，多洗澡勤换衣，保持皮肤干燥。洗澡后可使用除臭类产品，也可用适量香水掩盖轻微的臭味。平时要少吃或忌食葱、蒜等刺激性大或易于发汗的食物。

② 药物治疗

局部使用除臭类外用药物予以治疗。例如，使用乌洛托品擦剂、新洁尔灭擦剂、硫酸新霉素擦剂等均可达到一定的治疗效果。药物治疗需要长期施药，较为麻烦，而且化学药物常有一定的刺激性，有的患者皮肤发生过敏、瘙痒等副作用。此外，轻症患者也可以使用除臭类化妆品以达到效果，这类产品通常含有除臭功效成分。

③ 手术治疗

对于药物治疗效果不明显的重症患者可进行手术治疗。例如，采用冰冻法、激光疗法等。手术切除腋窝大汗腺有痛苦，易复发，甚至产生后遗症，因此现在一般不推荐使用。

④ 肉毒素注射

肉毒素又称肉毒杆菌内毒素，近年来使用范围逐渐扩大，深受爱美人士的喜爱。人类的汗腺受胆碱能神经支配，当肉毒素被注射到汗腺处后能够作用于胆碱能神经末梢，使汗腺分泌功能减退，从而达到治疗腋臭的目的。

哪些产品
属于除臭化妆品

我国《化妆品卫生监督条例》及其实施细则指出，除臭化妆品是指用于消除人体腋臭的化妆品。根据定义来看，最初的除臭化妆品主要是针对腋臭开发的，建议腋下使用。当然随着消费者需求的不断变化，除臭类化妆品也可用于身体其他部位，如用于去除脚臭。但如果是专门针对消除口臭、脚臭或其他局部体臭开发的产品则不属于除臭类化妆品。也就是说除臭类化妆品去除腋臭的同时可用于去除脚臭，但专用于去除脚臭的产品不属于除臭类化妆品。

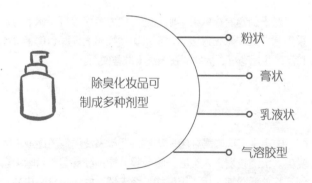

你知道
抑汗类化妆品吗

抑汗类化妆品主要是利用收敛剂，使皮肤表面的蛋白质凝结，阻塞汗液的排出，从而抑制汗液的过多分泌，间接防止汗臭。因此，抑汗类化妆品的主要功效成分是收敛剂。收敛剂种类很多，可分为两类：一类是金属盐类，最常用的是铝盐和锌盐；另一类是有机酸，如乳酸、柠檬酸、酒石酸、琥珀酸等。

抑汗类化妆品可以制成粉状、液状和膏状三种剂型。

粉状

粉状产品以滑石粉等粉质原料作为基质，加入一定量的收敛剂配制而成，具有抑汗、吸汗、滑爽等作用。

液状

液体产品的主要成分有收敛剂、保湿剂、分散剂、香精、乙醇和水等，也可根据需要加入缓冲剂，以减轻部分收敛剂的酸性。

膏状

膏霜类产品多在雪花膏型配方的基础上加入收敛剂而制得O/W型乳化体。这是因为收敛剂多为水溶性盐类，所以溶解在水中能成为连续相的O/W型乳化体会产生较好的收敛抑汗效果。

除臭类与抑汗类
化妆品有区别吗

在我国，除臭类化妆品属于特殊用途化妆品，抑汗类化妆品则没有明确归属，如果同时宣称除臭功能，则按除臭类特殊用途化妆品管理，如果只宣称抑汗作用，如爽身粉，则可按非特殊用途化妆品管理。

● 除臭类与抑汗类
化妆品有区别吗

除臭类

除臭类化妆品不仅像抑汗类化妆品那样减少汗液分泌，而且能够破坏汗液的中间产物，抑制细菌繁殖，达到祛除汗臭的目的。

抑汗类

只宣称抑汗作用，如爽身粉，可按非特殊用途化妆品管理。

除臭类化妆品由于具有除臭和抑汗的双重功效，因此其主要成分除了抑汗剂（或收敛剂）还包括杀菌剂和除臭剂，几种成分在除臭类化妆品中常常复配使用。

抑汗剂以强力的收敛作用抑制汗液的过度排出，可起到间接除臭效果。常见的抑汗剂有氯化羟锆铝配合物、氯化羟锆铝甘氨酸配合物氯化锌、硫酸锌、对羟基苯磺酸锌、氯化铝、碱式氯化铝、硫酸铝、硫酸铝钾（明矾）、等各种铝盐和锌盐。其中较常用的是氯化羟锆铝配合物，可进行微粒子化处理，增加其与皮肤的接触面积，然后复配于除臭产品中。

杀菌剂是以抑制或杀灭寄生于腋窝等皮肤部位的细菌而达到防臭除臭目的。常用的杀菌剂有硼酸、醋酸氯己定、苯扎氯铵等，均为《化妆品安全技术规范》收录的限用组分或准用防腐剂。

除臭剂可与腋窝产生的低级脂肪酸发生反应，消除臭味达到除臭目的。常用的除臭剂有氧化锌和某些碱性锌盐等。

健美化妆品
是减肥产品吗

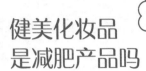

　　我国《化妆品卫生监督条例》及其实施细则规定，健美化妆品是指有助于人体形体健美的化妆品，属于特殊用途化妆品。为保证其安全性，该类产品必须经过化妆品监管部门批准，取得批准文号后，方可生产和销售。

　　健美类化妆品通常会在配方中添加功效成分，配合涂抹和按摩等操作，令皮肤吸收功效成分，起到紧实、塑身、健美的效果。那么什么样的成分有这样的功效呢？很遗憾，我国尚未公布健美类化妆品功效成分清单，企业都是自行添加所谓的功效成分，以植物提取物居多。健美类化妆品真的有效果吗？再一次让你失望了。目前为止还没有国际公认的健美类化妆品功效评价方法及评价标准。健美类化妆品的批件上明确标注了化妆品监管部门并未对产品的功效进行评价。也就是说，化妆品标签上宣称的功效的真实性由企业负责。

现代社会许多人已把减肥作为日常生活的一部分。为了迎合消费者的需求，国内一些健美类化妆品宣称具有减肥功能，久而久之，很多消费者就认为健美类化妆品指的就是减肥产品。其实，这是一种误解，"减肥产品"不能归属于化妆品，《化妆品命名规定》和《化妆品命名指南》中已明确规定"减肥""溶脂""吸脂""瘦身""瘦脸""瘦腿"等明示或暗示医疗作用和效果的词语属于禁用词，健美类化妆品不能宣称具有"减肥"功效，健美类化妆品更不是减肥产品。

《化妆品命名规定》和《化妆品命名指南》中禁用词

美乳化妆品
能使乳房 "变大" 吗

　　我国《化妆品卫生监督条例》及其实施细则规定，美乳化妆品是有助于乳房健美的化妆品，属于特殊用途化妆品。为保证其安全性，该类产品必须经过化妆品监管部门批准，取得批准文号后，方可生产和销售。

　　美乳类化妆品中可添加一些美乳功效成分和营养物质，通过局部涂抹、按摩，给胸部结缔组织适度的刺激，帮助弹性纤维恢复原状，并有收紧支持胸肌悬垂的韧带，增加胸部立体感的作用，使乳房显得结实丰满，以达到美乳效果，美乳化妆品并不能使乳房变大。和健美类化妆品一样，我国从未公布过美乳类化妆品功效成分清单，企业都是自行添加所谓的功效成分，以植物提取物居多，也有一些企业添加有机高分子材料组成的成膜剂，起到紧致挺拔的效果。美乳类化妆品也缺乏科学、客观的评价方法及评价标准，批件上明确标注了"化妆品监管部门并未对产品的功效进行评价"。

在美乳类化妆品中应特别注意非法添加问题。美乳类化妆品中若违规添加性激素，能刺激乳房的发育，长期使用性激素会影响人体内分泌平衡，因此我国《化妆品安全技术规范》明确规定雌激素类、具有雄激素效应的物质和孕激素类为化妆品禁用组分，美乳类化妆品中严禁添加这类性激素。

美乳化妆品并不能使乳房变大

第七章

你应该知道的
化妆品基础知识

我国《化妆品卫生监督条例》规定化妆品是指以涂抹、喷洒或其他类似方法，施于人体表面任何部位（皮肤、毛发、指甲、口唇、口腔黏膜等），以达到清洁、消除不良气味、护肤、美容和修饰目的的产品。

化妆品种类繁多，国内外也没有统一的分类方法。最常见的是根据使用目的和部位分为清洁用化妆品、护肤用化妆品、美容化妆品、香化用化妆品、护发和美发用化妆品等。化妆品由基质原料和配合原料组成。基质原料是构成化妆品基体的原料，在配方中占有较大比重，主要包括油脂、蜡、粉类物质、水和有机溶剂等。配合原料是使化妆品成型、稳定或赋予化妆品以芳香和其他特定作用的辅助原料，主要包括着色剂、赋香剂、防腐剂、抗氧化剂、防晒剂和其他添加剂。配合原料在化妆品中所占的比重虽不大，但作用极为重要，而且添加过程中一定要掌握好度，用量不够，起不到作用；过量使用，则有可能对人体有害。

如何选择
质优的化妆品

　　不少人由于对化妆品的成分不了解，在选择化妆品的时候，首先注重的是它的香味。其实，更重要的还是化妆品的质量，因为质量不良的化妆品，最容易损伤皮肤。正确地选用化妆品要注意以下三方面的内容。

> 首先，拿到化妆品应注意产品的包装和标签。

　　包装应完整整洁，标签不应模糊甚至脱落，信息要齐全。这样的产品至少说明是正规企业生产的。化妆品标签应提供如下信息：产品名称、制造者的名称和地址、产品有效期、生产许可证号、产品批准文号或备案编号、产品标准号、内装物量、全成分标示等。

　　进口产品应同时使用规范汉字标注各项内容。

　　有效期的标注方式一般有两种：生产日期和保质期或生产批号和限期使用日期。这个原则能保证产品的生产日期和保质期明晰。

　　消费者也可以通过化妆品监管APP查询信息的准确性。

其次，不要轻信诱人的标签及广告宣传。

化妆品标签要求内容简单明了、通俗易懂、科学正确，能够如实反映产品特性。如果有夸大宣传的内容（如快速祛斑、特效等）、绝对化的词汇（如安全无毒）、贬低同类产品的嫌疑（如不含防腐剂、无添加等）、暗示或宣传治疗效果（如有效预防儿童湿疹等）等情况，都是不符合规定的，购买时应慎重。

要牢记一点，化妆品的功效是有限的，不要相信所谓的"奇效"。尤其是某些美容院使用的化妆品、网购的化妆品、微淘的化妆品等，因为容易逃避监管，保证质量或安全的难度更大。因为很多是自制的或者是专制的，商家为追求功效，有可能违规添加禁用组分。

最后，仔细观察内容物。

　　看化妆品的颜色是否鲜艳，如发现变色，或有红、黑、绿等颜色的霉斑或颜色黯淡，说明是过期产品或制造时添加色素有误，不能使用。如外观出现浑浊、油水分离或出现絮状物，膏体干缩、裂纹，也不能使用。化妆品气味优雅，沁人心脾，没有刺鼻的怪味，如果有变味或异味则不能使用。优质的化妆品质地应细致，因为质地越细腻，其与皮肤的附着性也越好，擦在皮肤上才显得自然贴切。

　　具体地说，选择乳液状的化妆品时，最重要的是留意乳化作用是否良好，良好品质的乳液化妆品都具有明亮的光泽；反之，光泽暗的就不好，应小心分辨。收敛性化妆水是完全呈透明状的，所以在选择的时候要特别注意由瓶外看进去透明度是否正常和有无沉淀物，如果不透明，那质量就很难保证。良好的霜状化妆品，看起来应该色泽鲜艳，气味清新；如果品质不好，则其表面看起来黯淡无光泽，有异常气味，试用时感觉不舒服，有粗糙感等。

化妆品真的有功效吗

消费者购买化妆品很多是冲着其所宣传的功效来的。那么化妆品是不是真的有那么大的效果呢？

首先我们应该弄清楚化妆品的定位，了解了化妆品的定位，大家对化妆品的期望值就不会那么高了。化妆品是经常使用的日常生活用品，在正常以及合理可预见的使用条件下，不得对人体健康造成损害。这一点上，化妆品与外用药品完全不同。

外用药品

外用药品在医师指导下使用，为了达到治疗疾病的目的，允许短期内有一定的副作用。

化妆品

普通消费者长期使用，并可能长时间停留在皮肤上。化妆品不以治疗为目的，其作用是缓和的，所以定位上其安全性比功效性更为重要。

　　其次化妆品是有一定功效的，化妆品的功效主要依赖于其所添加的活性成分和构成配方主体的基质原料的效果。其中有些功效是显而易见的，比如添加了保湿剂的化妆品会有一定的保湿效果，添加了染发剂肯定能把头发染出期望的颜色，添加了防晒剂会起到防晒效果，添加了烫发剂肯定能把头发拉直或卷烫，添加了脱毛功效成分肯定能脱毛，否则没人会购买。当然，也有一些功效不是显而易见的，至少短期内看不出来，如抗皱效果、祛斑美白效果、晒后修复效果、祛痘效果、育发效果、美乳健美效果等。一方面是因为这些效果不是能够立竿见影的，另一方面目前也没有公认的量化的评价方法，很多产品虽然宣称添加了相应的功效成分，但添加量、配伍情况都直接影响产品的效果。而且，化妆品的使用存在明显的个体差异，这也为功效评价增加了难度。

　　消费者总是希望化妆品能够快速达到预期效果，愿望很美好，现实却很骨感。过度的宣称通常都是夸大虚假的，如果真有那么好的效果，就要警惕了，是不是添加了某些化妆品中不允许使用的禁用组分呢？

化妆品标签为
消费者提供了哪些信息

根据《消费品使用说明及化妆品通用标签》(GB 5296.3),化妆品标签是指粘贴、印刷在销售包装上及置于销售包装内的说明性材料。

① 化妆品标签在流通环节中不应变得模糊甚至脱落;应使用规范汉字标注标签,可以同时使用汉语拼音或外文,但必须拼写正确;进口产品应同时使用规范汉字标注各项内容;标签所用计量单位以国家法定计量单位为准。

② 化妆品标签应提供产品名称、制造者的名称和地址、产品的有效期、生产许可证号、全成分、产品批准文号或备案编号、内装物量、产品标准号等信息。必要时还应注明安全警告和使用指南,满足保质期和安全性要求的储存条件。

③ 化妆品标签的所有内容应简单明了、通俗易懂、科学正确,并如实介绍产品。化妆品标签不得标注适应证,不得宣传或暗示"抗菌、抑菌、除菌"及其他疗效,不应有夸大和虚假的宣传内容,不应使用医疗用语或易与药品混淆的用语,非特殊用途化妆品不得宣传特殊功效。尤其是产品名称不得使用"特效""高效""奇效""广谱""第×代"等虚假、夸大和绝对化的词语。如果不符合上述要求,则说明该产品存在虚假宣传的嫌疑,消费者购买时应予以慎重,不可轻信。

你了解
化妆品的警示用语吗

不管是消费者还是生产企业，对警示用语有些误解。消费者觉得有警示用语的化妆品不是好的化妆品，企业觉得化妆品一旦标了警示用语就不好卖了。事实上，化妆品标注警示用语是企业负责任的做法，没有警示用语的化妆品不一定就没有风险。

> 警示用语只是为了引导消费者正确、安全、规范地使用化妆品，避免误用引起不良反应，并不代表化妆品有什么安全问题。

例如，如果产品中含易刺激眼睛的物质应标注"避免接触眼睛"警示语，以提示消费者使用这些化妆品时避开眼睛。添加氢氧化锂、氢氧化钠、氢氧化钾、氢氧化钙等强碱的化妆品，根据含量及用途的不同，应标注"含强碱""避免接触眼睛""可能引起失明""防止儿童抓拿""仅供专业使用"等警示语。染发类产品应在标签上标注"染发剂可能引起严重过敏反应"等一系列与使用染发剂风险相关的注意事项。根据所使用染发剂的不同，还应标注"含×××原料"的警示语。不宜儿童使用的化妆品还应有"三岁以下儿童勿用""防止儿童抓拿"等标识，儿童能够使用的化妆品应标注"在成人监督下使用"的标识，以免误用影响儿童健康。如果是专业用化妆品，如含有高浓度巯基乙酸及其盐类的烫发剂应有"仅供专业使用"标识。

如何区分
化妆品的身份信息

　　化妆品是正规厂家生产的吗？想了解化妆品的身份信息，可登录国家药品监督管理局网站或者下载化妆品监管APP，通过产品名称、批准文号或备案编号、企业名称查询化妆品的详细信息，主要分为国产特殊用途化妆品、进口化妆品、国产非特殊用途化妆品和进口非特殊用途化妆品进行查询。当然也可以查询到生产企业的相关信息。

		批准／备案文号格式	信息
国产特殊用途化妆品		批准文号格式：国妆特字G+4位年份+4位顺序号	产品名称、批准文号、批准日期、生产企业、生产企业地址和产品类别
进口化妆品	特殊用途化妆品	批准文号格式：国妆特进字J+4位年份+4位顺序号	产品名称、批准文号、批准日期、生产企业、产品类别、生产国（地区）
	非特殊用途化妆品	批准文号格式：国妆备进字J+4位年份+4位顺序号	

	批准 / 备案文号格式	信息
国产非特殊用途化妆品	备案号格式：省份简称+G妆网备字+4位年份+6位顺序号	产品名称、备案编号、生产企业和备案日期
进口非特殊用途化妆品	备案号格式：国妆网备进字（省份简称）+4位年份+6位顺序号	产品名称、备案凭证号、生产企业、境内责任人、备案日期

出现两种不同格式的进口非特殊用途化妆品备案编号的原因是，原来由国家化妆品监管部门备案的进口非特殊用途化妆品简政放权到省级化妆品监管部门备案。

如何正确识别 化妆品的日期标注

随着消费者自我保护意识的日益增强，人们从开始的抹抹雪花膏、涂涂蛤蜊油发展到选择性地使用适合自身皮肤特点的品牌化妆品。购买化妆品时也更多地注意产品的品质，留意产品的标注日期，以免购买到劣质的或过期的化妆品。遗憾的是，目前化妆品的日期标注千奇百怪，有生产日期、保质期、生产批号、有效期、限期使用日期等，让普通消费者看得实在是摸不着头脑。

这里将介绍正确的化妆品日期标注方法及识别方法。

我国《消费品使用说明及化妆品通用标签》（GB 5296.3）明确规定化妆品的日期应按以下两种方式之一标注。

1

生产日期：顾名思义是指产品生产的日期，应按年、月或年、月、日顺序标注。

保质期：是指在产品标准规定的条件下，保持产品质量（品质）的期限，应按保质期×年、保质期×月等方式标注。在此期限内，产品完全适于销售，并符合产品标准中所规定的质量（品质）。

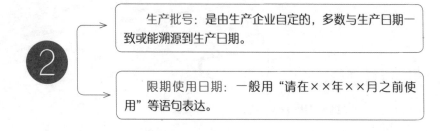

从上述标注方法来看，合格的化妆品应在包装上要么同时标注生产日期和保质期，要么同时标注生产批号和限期使用日期。如果只有生产日期或生产批号，消费者不清楚可以使用到什么时候；如果只有保质期或限期使用日期，消费者又无法了解其出厂时间。可见两者是缺一不可的。

国外对日期的标注要求与我国略有不同。如欧盟要求标注生产批号及最低有效期。有效期系指在规定期内，在适当的条件下贮存能继续保持原有功效，特别是不能对人体产生有害影响。应按以下方法注明：最好在某日期以前使用。必要时，需说明满足保证期限的条件；日期要说明年和月；有效期超过30个月的化妆品，不需注明有效期。此外，欧盟还要求标注开盖有效期，以提示开盖后还能用多长时间。日本则要求注明保质期。

知道了日期的正确标注方法，消费者就不难发现很多化妆品是不符合上述规定的。在国内销售的化妆品，即便是进口产品也应遵循我国标准的规定；而在国外购买化妆品时，消费者则应入乡随俗，尊重各国的不同要求。

有效期内的
化妆品就是安全的吗

答案是否定的。保质期或限期使用日期等有效期标识主要是针对在适当条件下贮存的未开封的化妆品。如果产品贮存在恶劣的环境条件下（如防晒产品在烈日下开封放置），即使未到有效期其质量也有可能发生变化。或者用不洁净的手直接接触化妆品或多人共用同一产品还会造成二次污染或交叉污染，尤其是微生物污染，并直接影响产品品质。即便是没有恶劣的环境影响和微生物污染，开封后的化妆品与空气接触的概率加大，保质期也应打一些折扣。

一般化妆品开封后的保存期为1年，最长不超过2年，不宜长期存放，以免失效。

为解决开封后化妆品的保质期问题，欧盟提出对于保质期超过30个月的产品，产品的外包装盒和小包装上必须标注开盖后的使用期限。这项法规从2005年3月11日开始在欧盟实施，对当地产品和进口产品一视同仁，但在我国尚未实行。由于化妆品的实际包装、使用情况复杂，而且影响化妆品品质的因素也很多，如消费者的使用习惯、在空气中的暴露时间、二次污染时带入的细菌量、保存温度等，所以单纯地标注开盖后的使用期限，也很难解决开封后化妆品的保质期问题。

消费者在使用化妆品的过程中，只要发现其性状或味道发生了变化，哪怕是在有效期内，也应立即停止使用。

如何正确
保存化妆品

　　化妆品从购进到用完有保管过程和使用过程，妥善保存化妆品是有效安全地使用化妆品的保证。如果保存不好，很容易变质，因此，要掌握正确的保存方法。化妆品的保存要注意防污染、防晒、防热、防冻、防潮和合理摆放。

1. 防污染

　　大包装化妆品打开后应分出一小部分装在容积小的器具中，其他部分重新封存。使用时化妆品最好用消毒化妆棒取出，用后旋紧瓶盖，防止在使用过程中细菌繁殖使化妆品氧化或提高含菌量。

2. 防晒

　　强烈的紫外线有一定的穿透力，容易氧化油脂和香料并破坏色素，所以化妆品应避光保存。

3. 防热

　　应在35℃以下存放化妆品。温度过高会使乳剂类化妆品的乳化体遭到破坏，造成脂水分离，粉膏类化妆品干缩，变质失效。

{ **4. 防冻** }

温度过低会使化妆品中的水分结冰，乳化体遭到破坏，融化后质感变粗变散，失去化妆品的效用，对皮肤产生刺激。

{ **5. 防潮** }

潮湿的环境是微生物繁殖的温床，过于潮湿的环境使含有蛋白质、脂质的化妆品中的细菌加快繁殖，发生变质。也有的化妆品包装瓶或盒盖是铁制的，受潮后容易生锈，腐蚀瓶内膏霜，使之变质。化妆品应在通风干燥的地方保存。

{ **6. 合理摆放** }

化妆品应放在清洁卫生的地方，轻拿轻放，不用时盖子要拧紧或将袋口封严，防止被灰尘或其他物质污染，防止香味散失。不要挤压，特别是挤压型或按压型包装的化妆品，摆放要有条理，防止因挤压而造成包装损伤，使化妆品氧化或污染。

如何判断
化妆品是否变质了

既然有效期内的化妆品都不一定安全，普通消费者又如何判断化妆品是否变质了呢？变质以后的化妆品，其颜色、性状、气味和性能都会发生变化，主要根据感官指标的变化予以辨识。下面教大家最简单的三步法。

看颜色

没有变质的化妆品色泽自然、膏体纯净，彩妆等美容修饰类化妆品则颜色鲜艳悦目。变质的化妆品颜色往往灰暗浑浊，深浅不一，通常会有异色或斑点，有时甚至会出现絮状细丝或绒毛状蛛网，说明已被微生物污染。

看质地

变质的膏霜类化妆品质地会变稀，肉眼可见有水分溢出。这是因为化妆品中的营养物质适宜微生物生长，过度繁殖的微生物分解蛋白质、脂肪等成分，破坏化妆品原有的乳化状态，从而使原来包含在乳化体中的水分析出。另外，变质的膏霜也可能会出现膨胀现象，这是由于微生物分解了产品中的某些成分而产生气体所致，严重时，产生的气体甚至会冲开瓶盖而使化妆品外溢出来。有时即使在无菌状态下，如长时间的过冷过热，化妆品也会出现油水分离的现象。有的化妆品打开使用后盖未封严或存放过久，水分便会蒸发，膏体会出现干缩现象。富含脂质的化妆品，高温存放则会出现膏体变稀薄等情况。

闻气味

　　不管有没有加香精，化妆品的气味都应该是纯正的。变质的化妆品往往原来的气味会变淡变弱，反而会散发出一些难闻的怪味，如酸辣味、甜腻味、氨味、醛味甚至是无法表达的臭味。一些富含营养物质的化妆品更容易变质而产生异味。

凭涂抹后的肤感

　　正常的化妆品涂抹在皮肤上，会感到不黏不腻，滑润舒适。变质的化妆品涂抹到皮肤上会有发黏、粗糙等感觉，有时候还会感到皮肤发紧、干涩，严重时还会伴有灼热、疼痛、瘙痒感。

　　不同类型的化妆品变质后的感官变化也有差异，不能千篇一律套用同一标准。如洁面产品变质的主要表现为变色变味、出现浑浊或沉淀，使用时有粗糙感；磨砂膏变质的表现包括变色、变味、干裂；润肤霜变质后最明显的表现是水油分离，同时可能还会伴有变色变味，触之有粗糙感；爽肤水主要表现是变色变味，浑浊并出现沉淀；变质的面膜会出现变色、变味、变稀、变干等现象。

市场上的化妆品
是经过检验的吗

化妆品对于人而言已是生活的必需品，使用安全应是其最基本和最重要的特征。《化妆品安全技术规范》规定了我国境内生产和销售的化妆品的安全技术要求，包括通用要求、禁限用组分要求、准用组分要求及检验评价方法等。

化妆品上市前应进行必要的检验。其中，化妆品企业一般会对感官指标进行检验，具备化妆品注册和备案检验工作资质的检验机构在职责范围内开展安全性评价检验。不同类别的化妆品检验项目不同，主要会考虑产品可能带来的风险，一般包括：

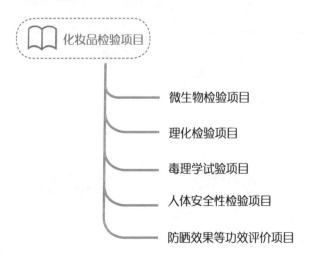

📖 化妆品检验项目

微生物检验项目

理化检验项目

毒理学试验项目

人体安全性检验项目

防晒效果等功效评价项目

非特殊用途化妆品　通常会检测菌落总数、耐热大肠菌群、金黄色葡萄球菌、铜绿假单胞菌、霉菌和酵母菌等微生物指标，铅、汞、砷、镉等有毒有害污染物指标，多次皮肤刺激性试验等毒理学指标。

防晒类化妆品　除了上述指标还会考虑防晒剂指标、皮肤变态反应试验、皮肤光毒性试验、人体皮肤斑贴试验、SPF值、PFA值或抗UVA能力等项目。

染发类产品　除了考虑铅、汞、砷、镉等常规污染物指标，会考虑染发剂指标、急性眼刺激试验、皮肤变态反应试验、细胞染色体畸变试验、鼠伤寒沙门菌回复突变试验等。

　　但消费者不能盲目地迷信检验，"检验合格"不等于"产品安全"。一来检测只是针对某一批次样品，不可能对批批样品都进行检测；二来检测只是针对可能的安全风险，不可能兼顾所有已知或未知的风险。当然，消费者也没有必要"杯弓蛇影"。通过正规渠道购买正规企业生产的合规化妆品是王道。

检验合格　$\neq$　产品安全

化妆品
有哪些安全隐患

要了解化妆品可能带来的安全隐患，首先应了解化妆品的组成。化妆品由基质原料和配合原料组成。

基质原料

基质原料一般没有用量限制，其危害主要来自原料中不可避免的杂质，如粉类原料通常会带来铅、汞、砷、镉等有毒有害杂质。

化妆品的组成

配合原料

配合原料虽然属于辅助原料，但一般会有一定功效，而对很多功效原料，我国采用限用和准用组分清单，只有清单内符合要求的原料才可以使用，如防晒剂、防腐剂、着色剂、染发剂等，只要规范使用就能够控制风险。

　　然而有些企业为了追求产品功效，会违规添加一些禁用的有害物质，对健康的危害非常大。如一些化妆品制造商为了达到快速祛斑的效果，在美白祛斑类化妆品中添加汞；一些宣传抗皱功效的化妆品，可能会违规添加皮质激素；宣传祛痘的化妆品违规添加抗生素等。

　　化妆品的潜在风险主要表现为毒性、微生物污染、刺激性和过敏性等几个方面。

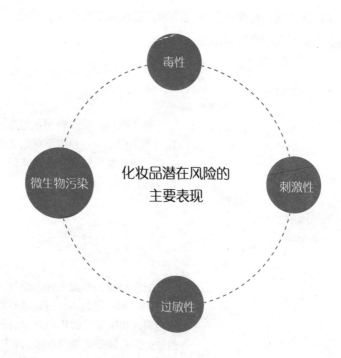

化妆品的
毒性源自何处

化妆品还有毒性吗？答案是肯定的，不过大家不要过分恐慌，并不是所有化妆品都有毒性。化妆品的毒性主要是由化妆品中含有的超出规定允许限量的有毒有害物质或违规添加的禁用组分或超规使用的限用或准用组分引起的。

❶ 超出规定允许限量的有毒有害物质

例如，粉类化妆品中的无机粉质原料常含有铅、汞、砷、镉等有害重金属和类金属，这些元素通过皮肤进入体内，长期积累不仅造成色素沉积，而且还可能引起中毒。

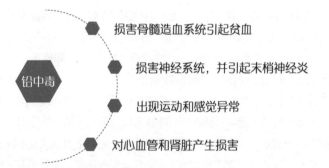

因此，我国规定化妆品中的铅杂质不得超过10mg/kg。汞、砷、镉元素则分别不得超过1mg/kg、2mg/kg和5mg/kg。这些有毒有害物质只要不超过规定限量，化妆品的安全性还是有保障的。

② 违规添加的禁用组分

违规添加的例子也数不胜数。如含糖皮质激素的化妆品在短期内有很好的抗皱护肤效果，但容易引起激素依赖性皮炎，严重影响身体健康。抗生素的滥用引起的社会问题更是目前各行各业普遍关注的。因此，近年来，皮质激素、抗生素等禁用组分也被作为监督部门重点监测的项目。

作为消费者，则要使用正规渠道购买的正规化妆品，千万不要迷信来源不明的所谓的特效化妆品，杜绝滥用造成的健康损害。

③ 超规使用的限用或准用组分

超规使用限用原料，与化妆品企业对法规了解不到位有很大关系。如水杨酸在淋洗类化妆品中的限量为3%，在驻留类产品中的限量为2%，这是因为使用方式不同，风险也有差异，针对不同使用方式分别规定限量，有助于原料在风险可控范围内充分发挥功效。如果企业对法规掌握不到位，就会出现超规、超范围使用限用组分的问题。再如卡松作为高效防腐剂，是多种活性成分的混合物，并对各组分的比例、使用量都有明确规定，一定要在限制范围内使用。所以化妆品企业不仅要将精力放在产品创新或者广告宣传上，更应该重视法规，实时掌握法规动态，知其然也要知其所以然，生产出合规的化妆品。监管部门则应加强有超规使用风险的原料监管，确保消费者的使用安全。

化妆品为什么 会发生微生物污染

　　化妆品在生产、使用和保存过程中许多因素都会造成微生物污染，这些污染主要源自原料本身的污染、生产过程中的污染或化妆品启封后使用或存放过程中的污染。我们知道化妆品的原料有油脂、蛋白质、淀粉、维生素、水分等。这些营养性基体为微生物的生长和繁殖提供了丰富的物质条件和良好的营养环境。在适宜的温湿度条件下，微生物可大量繁殖从而造成原料的污染；生产过程中如果设备、环境等清洗消毒不彻底也易感染微生物，尤其在冷却灌装过程化妆品更易受污染。化妆品使用环节存放不当也可引起污染，如使用化妆品时手经常接触化妆品，此时由于手表面可能带有微生物而使化妆品受到污染。

化妆品的原料

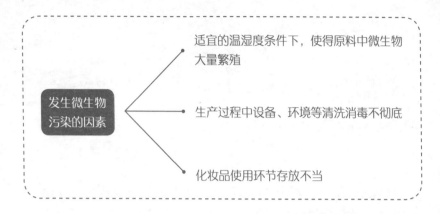

发生微生物污染的因素

- 适宜的温湿度条件下，使得原料中微生物大量繁殖
- 生产过程中设备、环境等清洗消毒不彻底
- 化妆品使用环节存放不当

　　微生物将化妆品中某些成分分解，致使化妆品腐败变质，不仅影响化妆品的色、香、味及剂型，而且对使用者的健康造成危害。例如，一些致病菌有可能通过皮肤的损伤部位或口腔侵入体内，其中铜绿假单胞菌可引起人的眼、耳、鼻、咽喉和皮肤等处感染，严重时能引起败血病；金黄色葡萄球菌能引起人体局部化脓，严重时也可导致败血病；链球菌易引起毛囊炎和疖肿；某些真菌可能引起面部、头部等部位的癣症。

　　　　使用被微生物污染的化妆品可能引起皮肤、面部器官等局部甚至全身感染。

化妆品引起刺激
和过敏的原因是什么

化妆品中不可避免地会使用一些酸、碱、盐、表面活性剂等化学成分。这些化学物质作用于皮肤及黏膜后经常引起刺激性皮肤病变，是化妆品引起的最为常见的一种皮肤损伤。除了皮肤用化妆品，毛发用化妆品也可能会引起刺激性接触性皮炎，如染发剂中含有的对苯二胺在氧化过程中产生的中间产物苯醌二亚胺、烫发剂中的巯基乙酸等可能会刺激皮肤引发皮炎。另外，洗发香波中的碱性表面活性剂对眼睛有刺激性，也可能会引发眼部炎症。

化妆品引起的过敏性接触性皮炎是化妆品引起的常见不良反应之一，是由化妆品内存在的致敏性物质引起的抗原-抗体反应。

皮肤过敏性病变的特征

- 初次使用化妆品时，反应极其轻微或者没有任何不良反应；

- 使用一段时间后，接触部位开始出现病变，皮炎部位的外观多种多样，出现米粒状丘疹，境界不清楚；

- 停止使用后，皮肤病变不会很快消失；

- 如再次使用，可迅速诱发或加重，重者皮肤红肿或出现弥漫性色素沉着。

刺激性和过敏性的个体差异较大，某一化妆品某一个人使用的时候可能会产生过敏或刺激，其他人使用可能没有任何问题，因此要结合自身特点选择适合自己的化妆品。

化妆品中
常见的过敏原有哪些

　　过敏是令人烦恼的，但又是没法立竿见影解决的问题。化妆品种类繁多，其使用的原料更是数不胜数。研究表明长期大量地使用化妆品与皮肤过敏有一定的关系。那么化妆品中的哪些成分最容易导致过敏呢？香料、防腐剂、染料等成分都可能对皮肤造成伤害，是常见的过敏原。

香料

　　香料是许多化妆品中必然会出现的成分，也是最常见的过敏原，是导致化妆品过敏性接触性皮炎的最主要原因。据文献报道，化妆品皮肤病患者香料斑贴试验的阳性率可达7.0%~29.5%，是不容忽视的变应原。鉴于香料的过敏风险，欧盟针对26种常见香料提出了具体规定，当它们在驻留类产品（如面霜、乳液）中的浓度超过0.001%，在淋洗类产品（如洗发水、沐浴露）中的浓度超过0.01%时，必须在产品标签上注明。我国法规虽然没要求企业在全成分标识中标注配方原料所含的过敏香料，但要求原包装已标注过敏香料的进口产品在中文标签注意事项中也要明确标注"香精/产品中含×××香料"的相关信息，让中国消费者有同等知情权。

防腐剂

防腐剂是防止化妆品被微生物污染的重要功效成分，但是许多研究表明一些防腐剂也是重要的过敏原。如一项关于常用防腐剂过敏率的调查结果表明甲醛和甲基异噻唑啉酮的过敏率一直处于高水平。甲醛是环境中常见的过敏原，也是导致变应性接触性皮炎的主要原因，虽然很少直接作为化妆品防腐剂使用，但化妆品中允许使用的一些防腐剂在某些条件下可分解或降解释放甲醛，释放出的甲醛含量与化妆品的基质、酸碱度、温度和储存时间等因素有关。在我国和欧盟的化妆品法规中，规定化妆品中游离甲醛含量不得超过0.2%，然而很多文献报道甲醛引起过敏或皮炎所需的阈值远低于此。

染料

染料引起的过敏亦不容忽视，研究结果表明，染发引起的化妆品皮肤病患者接受对苯二胺斑贴试验的阳性率达97.4%，说明对苯二胺是染发剂引起过敏的主要过敏原。国外研究则表明，对苯二胺斑贴试验呈阳性的患者在化妆品皮肤病中占2.8%。

除了这3类最主要的过敏原，还有许多成分也是致敏物质，如美甲产品中的对甲苯磺酰胺甲醛树脂、防晒霜中的二苯酮类物质等。

为什么合格化妆品
还会引起不良反应

化妆品不良反应是指人们日常生活中使用化妆品引起的皮肤及其附属器的不良反应。

很多人觉得引起不良反应的化妆品肯定是有问题的产品，实则不然。大家应该正确认识化妆品不良反应。即便是正规的合格化妆品也可能会引起不良反应。不良反应与两个因素有关，一是化妆品，二是使用化妆品的人。

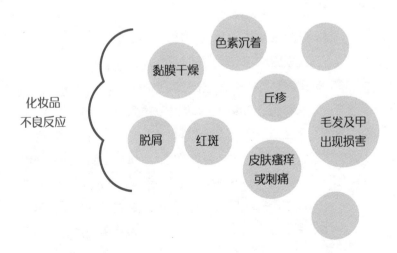

化妆品
不良反应

色素沉着

黏膜干燥

丘疹

毛发及甲
出现损害

脱屑　　红斑

皮肤瘙痒
或刺痛

1

化妆品

首先化妆品成分中不可避免地会含有一些刺激性或致敏性物质，如香精香料、防腐剂、乳化剂、抗氧化剂、防晒剂、染发剂等，当消费者使用含这类原料的化妆品时，如果使用不当就有可能引起不良反应。例如，对某些香料过敏的人没有关注香精所含香料成分，误用含易过敏香料的化妆品导致皮肤不良反应；使用染发剂时，没有按使用说明书要求进行必要的过敏试验，引起染发过敏。这些不良反应的发生和化妆品的质量没有必然联系。

2

使用化妆品的人

皮肤角质层细胞的致密结构与角蛋白、脂质紧密有序排列，构成物理性屏障，抵御外界各种物理、化学和生物性有害因素对皮肤的侵袭。如果皮肤屏障功能不完整或被破坏，其对外用化学物质的反应会更加敏感，这也就是为什么敏感性肌肤的人使用化妆品时经常引起不良反应的主要原因。过敏体质的人则要非常注意产品配方中有没有可能引起过敏的物质，否则误用也会引起不良反应。化妆品不良反应重在预防，消费者应根据自身皮肤条件和体质选择适合自己的化妆品。

化妆品
皮肤病知多少

根据我国《化妆品皮肤病诊断标准及处理原则》（GB17149.1~GB17149.7），化妆品皮肤病是指人们日常生活中使用化妆品引起的皮肤及其附属器的病变，是一组有不同具体表现、不同诊断和处理原则的临床症候群，包括化妆品接触性皮炎、化妆品痤疮、化妆品毛发损害、化妆品甲损害、化妆品光感性皮炎、化妆品皮肤色素异常。

≫ 化妆品接触性皮炎

化妆品接触性皮炎是接触化妆品后，在接触部位和/或邻近部位发生的刺激性或变应性皮炎。这是化妆品皮肤病最多见的类型，多发生在面、颈部。一般来说，使用频率较高的普通产品常常引起变应性接触性皮炎，而特殊用途化妆品如除臭、祛斑、脱毛类等则常在接触部位引起刺激性接触性皮炎。

≫ 化妆品光感性皮炎

化妆品光感性皮炎是由化妆品中某些成分和光线共同作用引起的光毒性或光变应性皮炎。它是化妆品中的光感物质引起皮肤黏膜的光毒性反应或光变态反应。化妆品中的光感物质多见于防腐剂、染料、香料以及唇膏中的荧光物质等成分中。

≫ 化妆品皮肤色素异常

化妆品皮肤色素异常是接触化妆品的局部或邻近部位发生的慢性色素异常改变，或在化妆品接触性皮炎、光感性皮炎消退后局部遗留的皮肤色素沉着或色素脱失，多发生于面、颈部，可单独发生，也可以和皮肤炎症同时存在。

≫ 化妆品痤疮

化妆品痤疮是指经一定时间接触化妆品后，在局部发生的痤疮样皮损，多由于化妆品对毛囊口的机械堵塞引起，如不恰当地使用粉底霜、遮瑕膏、磨砂膏等产品，引起黑头、粉刺或加重已存在的痤疮，也可造成毛囊炎症。

≫ 化妆品毛发损害

化妆品毛发损害是应用化妆品后出现的毛发干枯、脱色、折断、分叉、变形或脱落。化妆品损害毛发的机理多为物理及化学性损伤，可以是化妆品的直接损害，也可能是化妆品中某些成分对毛发本身和毛囊的正常结构和功能的破坏。

≫ 化妆品甲损害

化妆品甲损害是指长期使用化妆品引起的甲本身及甲周围组织的病变，如甲剥离、甲软化、甲变脆及甲周皮炎等，通常由指甲修护用品、涂彩产品、卸除产品中的有机溶剂、表皮去除剂、合成树脂、指甲硬化剂等成分引起或诱发。

发生化妆品
不良反应时的处理措施

当发生红斑、丘疹、水肿、水疱或瘙痒等不良反应并怀疑与化妆品有关时：

第一步

应立即停止使用"问题"化妆品，同时不要未确定是否由化妆品引起就更换其他品牌化妆品，以免症状变得严重或到医院就诊时增加医生的确诊难度。记住不要随意扔掉"嫌疑犯"。

第二步

到医院皮肤科就诊，最好是带着"问题"化妆品，到有监测及诊断经验的化妆品不良反应监测哨点医院。医生根据发病前是否有明确的化妆品接触史和皮损的原发部位是否为使用化妆品的部位初步判断是否为化妆品引起的皮肤不良反应或皮肤病，同时排除非化妆品因素引起的相似皮肤病，必要时会建议用"嫌疑犯"进行皮肤斑贴试验或光斑贴试验，以便确诊。

最后

如果想弄清楚是化妆品中的什么成分引起的，还需进一步做化妆品系列变应原的皮肤斑贴试验。这有利于今后选择化妆品时，有针对性地避免再次接触已经明确的致病成分，降低发生化妆品不良反应或皮肤病的风险。

化妆品会引起
激素依赖性皮炎吗

很多爱美的朋友在购买化妆品时，只在乎效果是否立竿见影，而从来不考虑皮肤迅速变"好"的代价是什么！其实如果使用的化妆品可以使皮肤"立即白、立即美、立即嫩"，那么就需要警惕了，这样的产品很可能隐藏着肌肤健康的安全隐患，或许就是激素依赖性皮炎的开始。

激素依赖性皮炎　激素依赖性皮炎全称为皮质类固醇激素依赖性皮炎或糖皮质激素依赖性皮炎，简称为激素依赖性皮炎，是由于患者长期反复使用不当或滥用皮质类固醇激素外用制剂所导致的皮肤非化脓性炎症。

皮质类固醇激素或糖皮质激素本是临床医疗上的一类药物，该类药物外用可降低毛细血管的通透性、减少渗出和细胞浸润，具有抗炎、抗过敏、抗增生等作用。临床上由糖皮质激素制成的外用软膏、霜剂可用于治疗湿疹、脂溢性皮炎、特应性皮炎等多种皮肤疾病，其应用范围广泛，常常被公众视为灵丹妙药而滥用。

近年来，一些不良化妆品商家动了歪心思、打了歪主意，将激素掺进嫩肤、美白的化妆品中蒙骗消费者，使不少追求美容护肤的消费者在长期应用后产生依赖，导致激素依赖性皮炎，一旦停用，脸上就会不舒服，像"成瘾"一样。

糖皮质激素是我国《化妆品安全技术规范》禁止用于化妆品的物质，正如临床上激素类外用药不能滥用一样，含有激素成分的化妆品如果长期使用，皮肤就会产生"上瘾"症状，只要停用，过敏症状就会加重、反弹。汇总近年来我国部分化妆品监督抽检结果发现糖皮质激素是监督抽检中检出率较高的禁用组分，其中检出的糖皮质激素涉及氯倍他索丙酸酯、倍他米松双丙酸酯、曲安奈德醋酸酯、氢化可的松、地塞米松醋酸酯、倍他米松戊酸酯等多种物质。

短期使用的药物不同于日常长期使用的化妆品，消费者选用化妆品时应对效果立竿见影的产品小心警惕。

氯倍他索丙酸酯

氢化可的松 倍他米松戊酸酯

曲安奈德醋酸酯

倍他米松双丙酸酯 地塞米松醋酸酯

化妆品与外用  药品的主要区别是什么

如果大家去医院看过皮肤病就会有一种疑惑，皮肤科开出的很多药品感觉和化妆品没有什么区别，只是名称不同而已。如治疗痤疮的外用药，用于修复的玻尿酸凝胶，加强保湿的敷料（面膜）。第一反应就是医院开出的是不是更安全更靠谱呢？以后是不是到医院买敷料作为面膜呢？

化妆品与外用药品有很多相似之处，但本质上还是不同的。

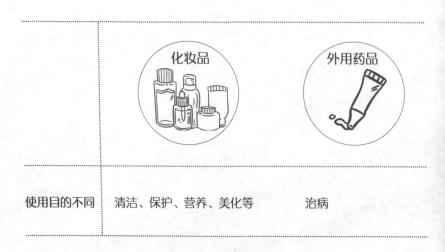

	化妆品	外用药品
使用目的不同	清洁、保护、营养、美化等	治病

	 化妆品	 外用药品
安全性要求不同	日常长期使用的产品，应具有更高的安全性，不允许对人体产生刺激或损伤	作用于皮肤的时间短暂，对人体可能产生的微弱刺激及不良反应，在一定范围内是允许的
原料的选择不同	化妆品原料一般都可用于外用药品，但化妆品为了追求时尚、艳丽、愉悦等感官效果，会添加一些着色剂、香精等原料。这些原料对于健康皮肤人群没有问题，而对于病症人群就有引起刺激和过敏的风险	外用药品为了避免不必要的风险，通常杜绝非必要的添加剂，配方设计较为简单。外用药品中可以使用很多化妆品中禁用的功效原料，如抗生素、糖皮质激素、高浓度的果酸、维甲酸及其衍生物、过氧化苯甲酰等
对皮肤结构和功能的作用不同	某些特殊用途化妆品具有一定的功效性，但一般都很微弱并且短暂，更不会起到全身作用	外用药品作用于人体后能够影响或改变皮肤结构和功能，药理活性更强大、深入和持久。为了达到更好的效果，外用药品中会使用更多促进透皮吸收的成分

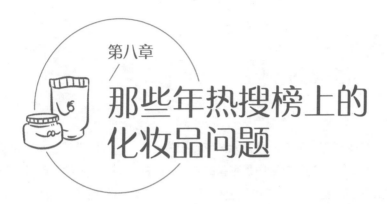

第八章

那些年热搜榜上的化妆品问题

随着化妆品工业化的快速发展，化妆品已成为美化人们日常生活的必需品。在化妆品的使用过程中，由不同原因引起的皮肤不良反应偶有发生，由此引发的一些"焦点"事件频频登上热搜。那么我们使用的化妆品安全吗？其实化妆品的安全性问题涉及众多学科，大多数消费者属于非专业人士，对化妆品的认识难免存在误区，但至少要学会理性思考，切记不要盲目地追求效果，不要盲目地推崇"纯天然""纯植物""无添加"，更不要盲目地相信网上经常列出的所谓的"黑名单"。我国对化妆品从原料到产品，从生产到销售，从标签到宣传，都有着较为严格的监管，只要是正规化妆品，其安全性大都是有保障的。

"天然的"
比"合成的"好

化妆品中可能同时含有天然成分和合成成分，我们常常会有一种偏见，认为合成的化学物质是有害的或是不好的，而"天然的"就被视为是无害的。这一观点其实是没有根据的。"天然的"和"合成的"都有可能具有很好的安全性或者具有潜在的危险。一些有毒物质或过敏原来自"天然"，《化妆品安全技术规范》就收录了98种天然禁用组分。我们知道一些野生的蘑菇能致人死亡，而海鲜、花生等天然食物也能使部分人发生过敏反应，严重时同样会危及生命。

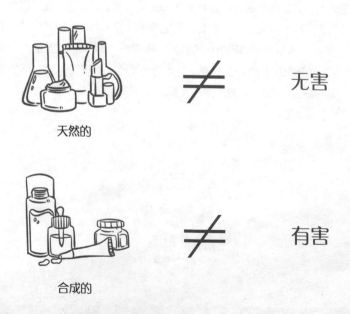

天然的　　　≠　　　无害

合成的　　　≠　　　有害

"天然"或者"合成"是针对成分的来源而言，与成分的安全性或质量优劣没有直接联系。消费者千万不能被所谓的"天然"蒙蔽了双眼。

　　说到成分，消费者要学会看化妆品标签上的全成分标识。成分表中的原料是按加入量由多到少排列的。排位越靠前，表明这种成分在该化妆品中占比越大，成分加入量小于或等于1%的成分，位于加入量大于1%的成分之后，排列不再分顺序。例如，水是化妆品中最常使用的溶剂，也是多数情况下含量最高的成分，所以一般在成分表中位列第一。有些宣称"纯天然"的化妆品，如果注意成分表，就会发现"水"仍然是排位第一的原料，所谓的植物成分反而排在后面，也就是说植物成分的添加量可能很少。当然，排名的先后顺序不代表它们的重要性，比如很多功效成分含量很小，成分表中排位在后，但却是发挥化妆品功效的重要因素。还有一点值得注意的是，香精香料统一以香精标注在全成分表中，色素则通常以着色剂的编号标注。

化妆品中
为什么要加防腐剂

　　我们生存的环境是个充满微生物的世界，买来的化妆品，只要打开封盖，如果不含抑菌的物质，就很容易被污染，很快就会腐败。即使放入冰箱，如果没有了防腐剂，化妆品也会像牛奶和奶酪一样很快变质。化妆品的许多原料都是微生物生长繁殖的营养物质，在适宜的温湿度条件下，微生物可大量繁殖；此外在生产过程中如果设备、环境等的清洗消毒不彻底也易使化妆品感染微生物。我们的手在接触化妆品的同时也有可能污染了化妆品。防腐剂是用来抑制或防止微生物生长繁殖，并以此防止产品腐败的一种物质。

　　防腐剂的种类繁多，在化妆品中可使用的化学防腐剂有一百多种。安全起见，世界上许多国家均对化妆品用防腐剂作了相关规定。我国《化妆品安全技术规范》规定有51种（类）防腐剂可用于化妆品，并对化妆品准用防腐剂的品种、使用范围和限制条件都做出了明确的规定，不在准用防腐列表中的抑菌成分不能随意使用于化妆品。

　　为了保证化妆品在生产、使用和保存过程中安全有效，必须在化妆品中添加一种或多种防腐剂，抑制微生物的生长，延长产品的保质期，确保在使用期间不会因为污染而变质。

3

果酸焕肤，是"换肤"吗

在美容院美容师经常会建议顾客体验"果酸焕肤"，网上还有人说用柠檬在家就能"换肤"，天然又安全，听起来很诱人。一听果酸，就推断肯定是和水果有关，听着就很天然。果酸真的有这样的奇效吗？安全吗？"焕肤"还是"换肤"？

果酸

　　果酸是一种有吸湿性的弱有机酸，因其最初是从苹果、葡萄、柠檬等水果中提取出来的有机酸，所以得名果酸，学名 α-羟基酸（Alpha Hydroxy Acid，简称AHA），是指在 α 位有羟基的羧酸。化妆品中常见的果酸包括乙醇酸、苹果酸、柠檬酸、乳酸、酒石酸、扁桃酸等。因为来源不一样，有的厂家在说明书中也把它们直接称为苹果精华、葡萄精华等。

　　果酸对皮肤具有独特的作用，可加速角质层细胞脱落，促进表皮细胞更新，使表面肌肤光滑、柔细。对干性皮肤，有较强的保湿滋润功效，增加肌肤含水度、柔软度，使肌肤洁净红润。果酸很容易渗透进皮肤毛孔起到疏通和清洁作用，这一优点尤其适用于油性皮肤，这也是其针对痤疮具有明显治疗效果的原因所在。

　　果酸虽好，但对其安全性的争论也一直没有停止过。有很多报道称有人使用果酸产品后出现起泡、烧伤等症状。而使用果酸后皮肤会变得对紫外线更加敏感也是公认的。研究表明，果酸能被皮肤吸收，pH越低，吸收越大。在给定的pH条件下，果酸对皮肤的刺激作用随其浓度增加而增加，而在给定浓度条件下，果酸对皮肤的刺激作用随pH的降低而增加。

我国《化妆品安全技术规范》对果酸的使用有严格规定，要求果酸作为化妆品原料的使用总量不得超过6%，同时产品的pH值不小于3.5。对于宣称使用果酸或果酸的使用量超过3%的产品，还要求在产品标签上明确标注"与防晒化妆品同时使用"的警示用语。通过控制使用量、限制使用条件、标注注意事项等方式全方位控制果酸的使用安全。

< 3%	>	低浓度	>	用于化妆品中
3%~6%	>	中等浓度	>	祛斑、去角质
> 20%	>	高浓度	>	可在医生等专业人员的指导下用来"焕肤"，这类产品已经不属于化妆品范畴

美容院等场所更是不能举着化妆品的旗号，给消费者使用高浓度果酸。不同消费者的体质和皮肤各不相同，对酸过敏者，患有接触性皮炎、局部皮肤疱疹等疾病者，近期进行过放疗、皮肤磨削术的人，孕妇及哺乳期女性等特殊人群最好不要使用高浓度的果酸产品。

总而言之，果酸的使用一定要注意使用浓度和产品的pH，浓度越高、产品酸性越强，风险也越大，使用过程中还要做好防护。

香精是化妆品引起
皮肤过敏的"罪魁祸首"吗

4

虽然香精在化妆品中的用量很少，但香精引发的安全性问题非常多，其中过敏问题尤甚，占到化妆品过敏案例的三分之一以上。香精过敏最常见的临床表现为接触性皮炎，包括变应性接触性皮炎、系统性接触性皮炎以及光变应性接触性皮炎。

变应性接触性皮炎　皮肤暴露于香精致敏原所引起的一种变态反应，常见于面部、手部、腋部，主要由使用含香精的化妆品引起，表现为红斑、丘疹、水疱等。

系统性接触性皮炎　常通过口服、透皮、静脉注射或吸入引发。

光变应性接触性皮炎　出现于皮肤接触光变应原并受到光照后。

> " 对于易过敏体质的消费者，要高度重视香精可能引起的过敏风险，使用不含香精的化妆品是上策。如果一定要用，首先要通过过敏原筛查弄清楚自己对哪些香料过敏，杜绝使用含这类香料的化妆品。虽然不是强制性要求，但目前国内销售的部分化妆品在注意事项中主动标注了含某某致敏原的警示用语，便于消费者辨识，合理选择适合自己的产品。 "

除引起过敏外，香精也会使人体产生其他不良反应。如香精中的有些香料存在毒性，使用不当可致中毒，或使人体产生病理变化。如苯甲醇对中枢神经系统有毒性，可引发头痛、头晕、恶心、呕吐、疲乏等。误服香豆素可能导致轻微的腹泻、呕吐以及头晕，香豆素类化合物中的呋喃香豆素还具有光毒性，在长波紫外光照射下可能导致头晕、视力迷糊等症状。而有些香料本身可能不存在毒性，但对于特殊人群则会产生不良影响。如麝香因其活血散结、兴奋子宫的作用，成为孕妇禁忌。对于这些不良反应，消费者不必过分担忧，毕竟化妆品中香精的使用量很少，而且主要是皮肤接触，比起口服、注射、吸入等方式，相关风险可以忽略不计。

面膜比其他护肤品更容易引起过敏吗

5

有些人发现，与其他化妆品相比，使用面膜引起的过敏概率会高一些，这是为什么呢？这与面膜的使用方式密切相关。这里所说的面膜主要是指以无纺布、生物纤维膜等为载体的护肤类面膜，通常需要敷于脸部停留10~20分钟。在这个过程中，皮肤会从面膜中吸收水分而轻微膨胀，此时面膜里的各类成分较普通护肤品更容易进入皮肤。此外，为了达到立竿见影的效果，有些面膜还会使用一些促渗透剂。面膜的使用方式加上所添加的促渗透剂，使得面膜中的功效成分更易吸收的同时，也会造成化妆品中的一些潜在致敏原如香精、防腐剂等乘机而入，从而增加了皮肤过敏的概率。

含酒精的
化妆品不安全吗

很多人觉得含酒精的化妆品刺激性大，企业也顺势宣传"本品不含酒精"，于是乎，消费者抱着"宁可信其有不可信其无"的心态，远离酒精。

酒精，化学名称乙醇，是一种有机溶剂，有皮肤学专家认为合理地使用酒精有利于皮肤的健康，尤其对于油性肌肤和易生粉刺、暗疮的皮肤十分有益。酒精更是配方师开发产品不可或缺的成分。化妆品中添加酒精，主要是基于酒精的四大特性，这些特性使得并不容易找到酒精的替代物质。

酒精是一种天然的促渗透剂，可以帮助一些活性成分更好地进入皮肤内部发挥作用。尤其是具有一定功效的产品，如祛斑美白类产品、控油产品等，可以用酒精促进功效成分的吸收。

酒精的另一个重要作用是增溶。一些效果不错的油溶性成分，很难直接溶于水，这时就需要一个中介，助其溶解到水中。酒精就是一个很好的中介，既可以帮助这些活性成分溶解到水中，又能保持爽肤水的透明。此外，很多植物要用酒精作为提取溶剂，若不使用酒精，有些植物中的活性成分根本无法被提取出来，这也是很多植物提取物含酒精的原因之一。

酒精可以溶解面部皮脂，是很好的清洁、去油成分。酒精还有收敛作用，有助于收缩毛孔。这个作用对于油性皮肤非常受用，可以调节油脂分泌，防止满脸油光，但对于干性和敏感性皮肤而言就是灾难了。

酒精可以促进角质细胞代谢，加速角质细胞脱离，有助于角质层更新。对于角质层比较厚的皮肤很受用，但是对于角质层比较薄的皮肤就不那么友好了。

那么酒精用在皮肤上安全吗？

国外有研究机构把酒精和化妆品中经常用到的其他刺激性成分做了对比研究。结果发现，酒精的刺激性要比皂基、十二烷基硫酸钠等成分低得多，远没有一些防腐剂、香精危害大。高浓度酒精可以使蛋白质变性，杀死细菌，但酒精的这一能力，同样会刺激皮肤细胞，加速角质细胞代谢。不过，酒精挥发性强，涂在皮肤上，几分钟就会挥发掉，不会停留太长时间，对皮肤的伤害有限。此外，护肤类产品中添加的酒精含量不高，不会超过15%，一般都控制在5%左右，对正常皮肤影响不大。现在世界上没有任何一个国家禁止化妆品中使用酒精，反倒是禁用了很多防腐剂、香精、防晒剂，这从侧面证明酒精的安全性还是有保证的。

使用含酒精的化妆品并没有什么安全风险。但是，每个人的皮肤对酒精的耐受度不同，酒精并不适合所有肌肤，如婴幼儿皮肤屏障功能不完善，不建议使用含酒精的产品。是否能使用含酒精的化妆品，主要取决于自己的皮肤特性。

使用含酒精的化妆品需要注意以下几点：

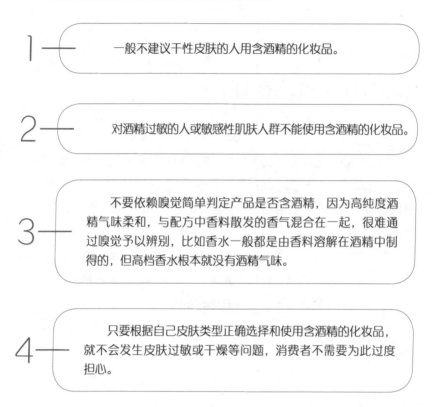

1 —— 一般不建议干性皮肤的人用含酒精的化妆品。

2 —— 对酒精过敏的人或敏感性肌肤人群不能使用含酒精的化妆品。

3 —— 不要依赖嗅觉简单判定产品是否含酒精，因为高纯度酒精气味柔和，与配方中香料散发的香气混合在一起，很难通过嗅觉予以辨别，比如香水一般都是由香料溶解在酒精中制得的，但高档香水根本就没有酒精气味。

4 —— 只要根据自己皮肤类型正确选择和使用含酒精的化妆品，就不会发生皮肤过敏或干燥等问题，消费者不需要为此过度担心。

　　总而言之，酒精的使用要因人而异，不能人云亦云，适合自己的才是最好的。

　　此外，酒精中可能含甲醇杂质，但只要不使用低纯度的工业酒精，在目前的使用量下，一般酒精中所含甲醇杂质并不会对人体健康产生危害。

婴儿爽身粉
添加滑石粉会致癌吗

随着化妆品工业化的快速发展，由化妆品引起的皮肤不良反应时有发生，由此引发的一些"焦点"事件也受到人们的广泛关注。"婴儿爽身粉中的石棉问题"将滑石粉的安全性推上了风口浪尖，滑石粉真的会致癌吗？

就目前资料而言，并无数据表明滑石粉可致癌。那么滑石粉的潜在风险是什么呢？滑石是矿物质中的一种，某些滑石矿与石棉矿多是伴生或共生，这就导致滑石粉原料中会伴有石棉类杂质，而石棉已被国际公认为致癌物。这也就导致了两者常被相提并论，由此产生了滑石粉致癌的说法。

滑石粉作为化妆品原料已有安全风险评估资料，并根据其安全性以及石棉杂质的风险，有针对性地制定了必要的法规、技术要求，规定了在化妆品中使用的各项限制条件。

国家推荐标准《滑石粉》（GB/T 15342）明确规定，化妆品用滑石粉不能分级，且不得检出石棉。我国《化妆品安全技术规范》规定"滑石（水合硅酸镁）为化妆品限用组分，可用于3岁以下儿童使用的粉状产品和其他产品"，但同时也规定"当用于3岁以下儿童使用的粉状产品时，必须在标签上标注'应使粉末远离儿童的鼻和口'，避免滑石粉的吸入风险"。

　　石棉是化妆品禁用组分，在化妆品成品中"不得检出"。为避免含滑石粉的化妆品可能带入石棉的风险，化妆品监管部门在《化妆品安全技术规范》中颁布了石棉的测定方法，并要求凡配方中含滑石粉原料的必须检测石棉含量。同时，还发布了《化妆品用滑石粉原料要求》，规定"滑石粉中不得检出石棉"，且"在粉状产品的生产和使用过程中，应使粉末远离鼻和口"。2016年2月，中国香料香精化妆品工业协会发布了《关于化妆品中滑石粉的使用问题》，规定化妆品企业在选择滑石粉为原料时，应严格遵守规定。依现有相关规定要求，在正常、合理及可预见的使用条件下，滑石粉可以认为是安全的，不会对人体健康产生危害。

　　此外，有专家提示不建议滑石粉用于缺乏保护屏障或受损的皮肤上，有滑石粉成分的爽身粉不要用在生殖部位，也不要吸入肺部。目前很多爽身粉产品已用玉米淀粉代替了滑石粉。

美容院的产品靠谱吗

经常有消费者反映，美容院使用的产品在商场根本买不到，对其安全性有很大的顾虑，这不是没有道理的。

化妆品按销售渠道不同，分为日化线化妆品和专业线化妆品。现在已经有化妆品公司同时开发日化线和专业线的产品。

❶ 日化线化妆品

日化线化妆品就是我们能够在商场专柜、超市、专卖店买到的产品，推广主要靠广告和口碑相传，销售量大。

❷ 专业线化妆品

专业线化妆品是指只在美容院或专业美容会所等美容机构销售或使用的产品，一般由美容专业人士指导购买和使用，在商场很少能够买得到，主要靠美容机构的专业人员推荐及销售。

那么美容院使用的产品如何监管，安不安全呢？这要看具体情况。正规美容院销售、使用的产品和商场销售的产品一样是在化妆品监管部门注册备案过的，安全性有保障。当然消费者在使用前一定要有意识地核对其注册备案信息的真实性，不要一味地相信美容院的推广宣传。有的美容院打着"私人定制"的旗号销售一些自制化妆品，不仅没有注册备案信息，有的甚至不是成熟产品，需要根据不同肌肤特点，临时配制。这类产品的安全性是没有保障的，而且监管难度也非常大，消费者一定要谨慎选择，不要"美容"不成反而"毁容"。

消费者在使用前一定要有意识地核对其注册备案信息的真实性，不要一味地相信美容院的推广宣传。

网购的化妆品 安全吗

网购给购物带来了很大的方便，现在电商平台已成为化妆品购买的重要渠道，那么网购的化妆品安全吗？网购化妆品应注意什么？

首先要说明的是化妆品安不安全和线上线下购买没有直接的关系，关键是要买到正品，即便是商场购买的也有可能是假货，只不过买到假货的概率远低于电商平台而已。如果购买的是正品，其安全性还是有保障的，如果是假冒伪劣的化妆品就很难保证其安全性了。也就是说买到正品是保证产品安全的前提。相比于商场，网购化妆品渠道不明、溯源难，买到正品的难度也更大。

那么网购化妆品应注意什么呢?

1、 切莫贪图便宜
  造假的人往往就是抓住消费者贪图便宜的心态,低价销售假冒伪劣产品。购买时一定要货比三家,选择靠谱的价位而不是最低的价位。

2、 挑选好的商户进行交易
  尽量选择信誉度高的老店、熟悉的商铺、品牌旗舰店、电商自营店购买,能提高买到正品的概率,有问题的时候也便于溯源。选择店铺前可以先看看用户评价,便于了解商户信誉。

3、 购买前要仔细了解产品信息
  核对信息的真实性,同时有条件的话仔细和正品包装进行比对,避免买到假货。

4、 索要发票
  能够提供正规发票的一般会是正规商家,提供正品的概率也会高一些。同时,如果有疑问也便于维权。

参考文献

1. 秦钰慧. 化妆品安全性及管理法规 [M]. 化学工业出版社，2013.
2. 中国香料香精化妆品工业协会. 化妆品成分评审概要 [M]. 中国轻工业出版社，2000.
3. 董兵，董晓杰，刘思然，等. 解读《化妆品安全技术规范》(2015年版)[J]. 环境卫生学杂志，2016（6）：431-436.
4. 陈祥娥，凌沛学. 透明质酸与化妆品 [J]. 食品与药品，2010，12（7）：278-280.
5. 朱文驿，邓小锋，孟宏，等. 透明质酸在化妆品中的应用 [J]. 中国化妆品，2016（3）：72-74.
6. 陈为民. 酒精与化妆品[J]. 酿酒，2012（1）：101-103.
7. 王婉，徐晓琳. 婴幼儿沐浴露的安全保障 [J]. 日用化学品科学，2009，32（6）：19-20.
8. 李能，王二曼. 化妆品中滑石粉在国内外的监管概况 [J]. 日用化学品科学，2017（09）：22-24.